Peter Wirth

Der GARTENPLANER

Wege und Sitzplätze

- planen
- entwerfen
- kalkulieren

ULMER

Kapitel 1

Geh- und Fahrwege planen

Kapitel 2

Sitzplätze planen

Kapitel 3

Belagsmaterialien für Wege und Sitzplätze

Kapitel 4

Den Kostenrahmen abschätzen

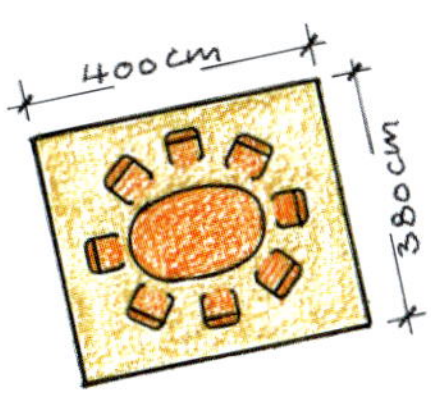

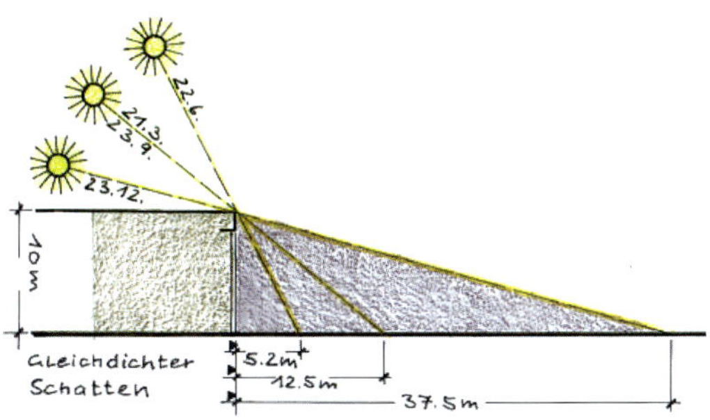

Die Deutsche Bibliothek – CIP-Einheitsaufnahme
Ein Titeldatensatz für diese Publikation ist bei der Deutschen Bibliothek erhältlich.

Haftung:
Autor und Verlag haben sich um richtige und zuverlässige Angaben bemüht. Fehler können jedoch nicht vollständig ausgeschlossen werden. Eine Garantie für die Richtigkeit der Angaben kann daher nicht gegeben werden. Haftung für Schäden und Unfälle wird aus keinem Rechtsgrund übernommen.

Bildnachweis:
Alle Fotos Peter Wirth. Zeichnungen von H.-Chr. Rost nach Vorlagen von P. Wirth. Umschlagfoto: Friedrich Strauß, Au

Wollgrasweg 41,
70599 Stuttgart
E-Mail: info@ulmer.de
Internet: www.ulmer.de
Printed in Germany

Lektorat:
Verlagsbüro Kopal, Chr. Weidenweber
Layout:
CYCLUS Visuelle Kommunikation
Herstellung und DTP:
CYCLUS Media Produktion
Druck und Bindung: Offizin Andersen Nexö, Zwenckau

ISBN: 3-8001-3261-3

Vorwort

Ohne befestigte Flächen ist ein Garten nur sehr eingeschränkt nutzbar. Rasen als Bewegungs- und Ruhefläche genügt nicht, vor allem bei schlechtem Wetter und ungünstigen Bodenverhältnissen.

Ob im reinen Pflanzengarten ohne Rasen oder im kombinierten Pflanzen–Nutzgarten, wir brauchen Wege, um bestimmte Punkte zu erreichen und darüber hinaus zur Gliederung und Strukturierung der Fläche. Ein Garten am Hang ist ohne Wege überhaupt nicht begehbar. Über die Erschließungsfunktion der Wege hinaus bildet das Belagsmaterial mit seiner Oberflächenstruktur, Fugenlinien und Farbgebung ein wichtiges Gestaltungselement im Garten. Das gilt in ähnlicher Weise natürlich auch für Sitzplätze. Folglich sollte ohne überlegte Planung der Bau nicht begonnen werden.

Dieses Buch will dazu ermuntern und anleiten, gut gestaltete und funktionstüchtige Wege und Sitzplätze selbst zu planen. Mit einer richtigen Schrittfolge, einigen Grundkenntnissen für Entwurf, technische Planung, etwas Vorstellungsvermögen, außerdem Freude am zeichnerischen Ausprobieren sowie etwas Materialwissen kann es gelingen. Eine solide Planung bildet auch die Grundlage, um die zu erwartenden Kosten im Voraus abschätzen zu können. Die Planungsanlässe können dabei ganz verschieden sein. Sie reichen von der umfassenden Weg- und Sitzplatzgestaltung des noch leeren Gartens bis zum Umbau oder der Erweiterung im vorhandenen Garten. Einige der am häufigsten vorzufindenden Situationen und Gestaltungsprinzipien sollen deshalb mit einfachen Zeichnungen so dargestellt werden, dass damit eine Ableitung auf Ihre jeweilige Grundstückssituation möglich ist. Maßstab aller Beispiele ist es allerdings nicht, besonders Originelles, Modisches oder gar Bizarres zu planen, sondern einfach Gestaltetes aber Gebrauchsfähiges auf lange Zeit anzubieten, das sich harmonisch mit der Gartenvegetation verbindet und somit ein einheitliches Ganzes ergibt.

Kapitel 1

Geh- und Fahrwege planen

- 1. Schritt: Grundkenntnisse aneignen
- 2. Schritt: Entwurfsideen entwickeln

1. Schritt: Grundkenntnisse aneignen

Wege bringen uns sauberen und sicheren Fußes von A nach B. Mit Linienführung, Wegbreiten, Materialwahl und Materialfarbe sowie Flächenstruktur können wir den Garten maßgeblich gestalten. Übertreiben Sie es aber nicht – zu viele Wege bringen wieder Unruhe und Unordnung.

Gartenwege – wozu? Wie viele? Wie befestigen?

Die Hauptfunktionen befestigter Wege sind die Verbindung von der Straße zum Haus und in den Garten, die Verknüpfung verschiedener Garteneinrichtungen untereinander und die Erschließung oder Trennung von Pflanzungen und Rasenflächen. Einem Garten ohne Wege, bei Sandböden durchaus möglich, fehlt oft auch ein entscheidendes Gliederungselement, das außerdem Ordnung in die vielgestaltige Formen- und Farbenwelt der Pflanzen bringt.

▼ Geschwungene Wegführungen sind sehr anpassungsfähig und animieren mehr zum geruhsamen Gehen.

◄ Auch rechtwinklige Wege können Pflanzungen für das Beobachten und Pflegen erschließen.

Wege können durch ihre Geradlinigkeit ein klares Ordnungsprinzip im Garten erkennen lassen, durch eine geschwungene Führung zum geruhsamen Gehen animieren, aber auch einfachen praktischen Pflegebedürfnissen dienen. Sie können abgrenzen, ohne trennend zu wirken. Wege können den Charakter des Gartens mitbestimmen.

Vom häufig begangenen Hauptweg bis zum schmalen Pfad, vom dicht geschlossenen Belag bis zum Schrittplattenweg – je nach Bedarf gibt es die verschiedensten Gestaltungsmöglichkeiten. Beläge, bei denen das Gras durchwachsen kann, wie Rasengitterplatten, Lochklinker oder Pflaster mit breiten Fugen sind ebenfalls erhältlich und haben ihren Reiz. Zu beachten ist natürlich auch die Gehsicherheit bei Regen, Schnee und Eisglätte, bestimmt vom Gefälle und der

Griffigkeit der Oberfläche. Bei ganzjährig begangenen Hauseingangswegen ist das besonders wichtig. Der „Schönwetterweg“ im Garten ist davon weniger betroffen.

Die geplante Wegeführung ist bei der späteren Materialwahl von Bedeutung. Rechtwinklige große Platten eignen sich für gerade Wege, während man mit rechteckigen kleinen Pflastersteinen auch eine geschwungene Wegeführung ohne großen Versatz erreichen kann. Kleinteilige Beläge haben den weiteren Vorteil, einen Weg oder Platz problemlos zu verbreitern oder schmaler umzubauen, wenn sich das nach einiger Zeit als nützlich erweist. Bei Gartenumbauten lässt sich manchmal auch das Material vorhandener Wege wieder verwenden.

Die Anzahl der Wege spielt ebenfalls eine große Rolle. Zu viele Wege zerstückeln die Gartenfläche unnötig und nehmen ihr die ruhige Wirkung. Fahrwege, meist in die Garage, aber gelegentlich auch weiter ins Grundstück hinein sowie Stellflächen zum Parken weiterer PKW's werden immer gebraucht. Hier darf aber kein Straßencharakter durch hohe Bordsteine und dichtem bituminösen Schwarzbelag entstehen. Es ist möglich, das Material der Gesamtkonzeption der Gehflächen anzupassen. Eine wichtige Grundvoraussetzung: Die Stabilität bei Belastungen durch Fahrzeuge ist eine Frage des verstärkten Unterbaus und der Auswahl einer kleinteiligen, wenig bruchgefährdeten Belagsart.

▼ 1. Einem Garten ohne Wege fehlt die gebaute Struktur.
2. Wege können dagegen die Fläche gliedern und teilen ohne abzugrenzen.

▲ Der Vorgarten kann wie durch einen Tunnel zügig durchquert werden, lädt aber trotzdem zum Schauen und Verweilen ein.

▼ Fahr- und Gehflächen gestalten diesen Vorgarten. Das zurück gesetzte Gartentor schafft Raum für Garageneinfahrt, Gehweg und Parkplatz. Ein funktional geprägter, aber „grüner“ Vorgarten.

Grundformen der Wegeführung

Die Möglichkeiten, bestimmte Wegeführungen zu verwirklichen, sind im ebenen Gelände natürlich viel größer als im Hanggarten. So erweist sich am Hang die geschwungene Variante als die Brauchbarste. Sie passt sich am bestem dem Gelände an. Bei Fahrwegen ist hier die Serpentine oft die einzige Lösung, während reine Gehwege durch den Bau von Treppen leichter einzufügen sind.

Es ist schon deutlich geworden, dass es bei der Wahl der Wegeführung auch darauf ankommt, ob das Ziel schnell erreicht werden soll, oder aber der Weg das Ziel ist. Im Vorgarten steht die Verbindung zwischen Haus und Straße sowie Garage im Vordergrund, außerdem ist die Fläche oft begrenzt – die Vorgaben sind eigentlich klar.

TIPP

Zunächst gilt es, grundsätzliche Entscheidungen zu treffen: Sollen die geplanten Wege im Garten gerade beziehungsweise eckig-abrupt verlaufen, oder geschwungen? Daraus ergeben sich wiederum Abhängigkeiten bei der Wahl des Belagsmaterials.

Im Wohngarten ist die Situation anders. Hier können Wege auch zum Verweilen und Betrachten der Pflanzen einladen und nicht nur zum zügigen Erreichen des Sitzplatzes oder Nutzgartens angelegt werden. Man sollte sich aber in seiner Planung für ein Grundprinzip entscheiden, um Formengewirr zu vermeiden.

Steht die Wegeführung fest, wird dadurch mitunter auch die Materialauswahl beeinflusst. So können gerade Wege aus jedem Material gebaut werden, hingegen geschwungene, etwa mit rechtwinkligen Platten, nur im angenäherten Linienverlauf.

Wenn Sie verschiedene Materialien kombinieren wollen, erweitert sich das Formenspiel. Phantasievolle Muster können sich ergeben und so für Abwechslung sorgen. Um aber nicht Formlosigkeit zu produzie-

Materialformen

Die wichtigsten Grundformen der Wegeführung sind aus den folgenden Zeichnungen zu erkennen und werden mit verschiedenen Materialtypen veranschaulicht:

1 = Rechtwinklige Platten
2 = Unregelmäßige Platten
3 = Natursteinpflaster
4 = Rechtwinkliges Betonpflaster
5 = Kies, Splitt oder Rindenmulch

ren, ist planerische Disziplin notwendig. Solche Patchwork-Beläge aus unterschiedlichsten Baustoffen gelingen nämlich nur mit viel Einfühlungsvermögen und Können, sonst ist eine optische Unruhe das Resultat der Bemühungen. So etwas ist auch schwierig im Voraus zu planen, weil man von der verfügbaren Materialmischung abhängig ist. Ein weiterer Nachteil des ständigen Materialwechsels: Die Gehsicherheit ist gefährdet.

1 *GERADE WEGE MIT PARALLELEN KANTEN: Alle Materialien sind einsetzbar, um gerade Randlinien zu bauen: Rechtwinklige oder unregelmäßige Platten (letztere mit entsprechend bearbeiteter Außenkante), ebenso alle Pflastersteine. Kies, Splitt oder Rindenmulch passt sich jeder Wegführung an . Bei dieser Wegführung sind somit die geplanten Wegkanten bei allen Materialien identisch.*

2 *SCHRÄGE WEGE MIT PARALLELEN KANTEN: Bei rechtwinkligen Platten entsteht ein versetzter Wegrand, da die Wegeführung schräg zu den Plattenformaten verläuft und die Ränder dementsprechend (gestrichelte Linie) angepasst werden müssen. Je schräger der Verlauf um so stärker der Versatz, dabei schrumpft auch die nutzbare Gehbreite. Unregelmäßige Platten können ihre unbehauenen Kanten beibehalten. Bei Pflasterungen entsteht eine fein gezackte Wegkante. Mit Kies, Splitt oder Rindenmulch lassen sich die geplanten Linien genau verfolgen.*

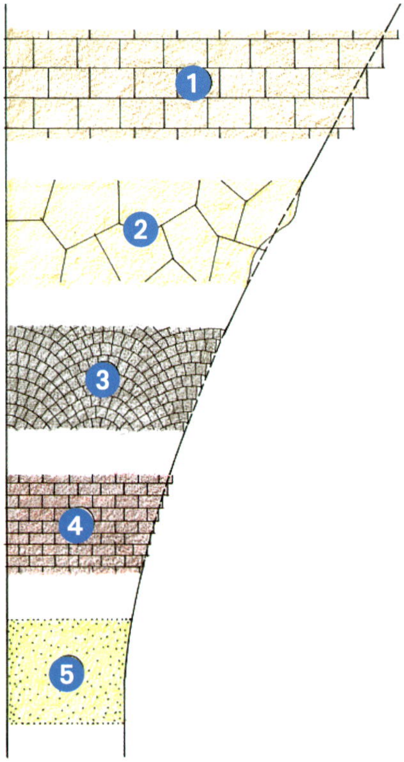

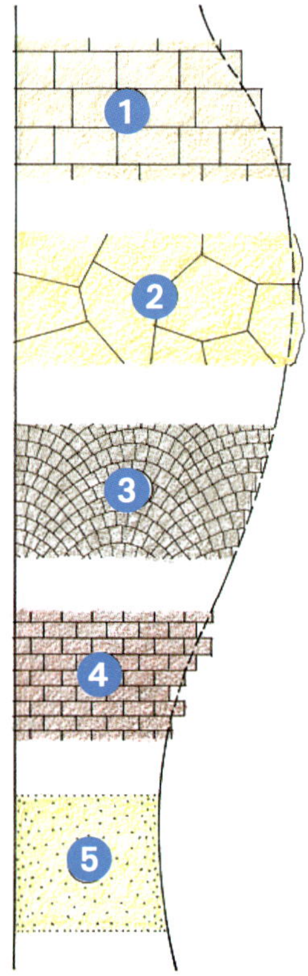

3 **Einseitig aufgeweitete Wege:** *Wenn der Weg einen kontinuierlich aufgeweiteten Übergang, beispielsweise in einen Platz hinein erhalten soll, kann eine Wegseite gerade bleiben, die Gegenseite jedoch der Aufweitung als gestrichelte Linie folgen. Bei rechtwinkligen Platten ist wieder ein starker Versatz unumgänglich. Je kleiner das Steinmaterial, um so geringer wird auch hier das Versatzmaß. Bei Kies, Splitt oder Rindenmulch entsteht keine Abweichung von der geplanten Weglinie.*

4 **Gerade Wege, einseitig geschwungen:** *Wenn ein gerader Weg zu „starr" erscheint, kann eine Wegkante auch variabel geschwungen verlaufen. Es entstehen ungleiche Wegbreiten. Die breiten Bereiche bieten sich für zwanglose Möblierung, blühende Töpfe oder gesammelte Gegenstände an, die eine feste Stellfläche brauchen. Damit lassen sich aufweitende und verengende kleinräumige Gartenbilder erzeugen. Die Randausbildung der möglichen Materialien entspricht der bei einseitig aufgeweiteten Wegen.*

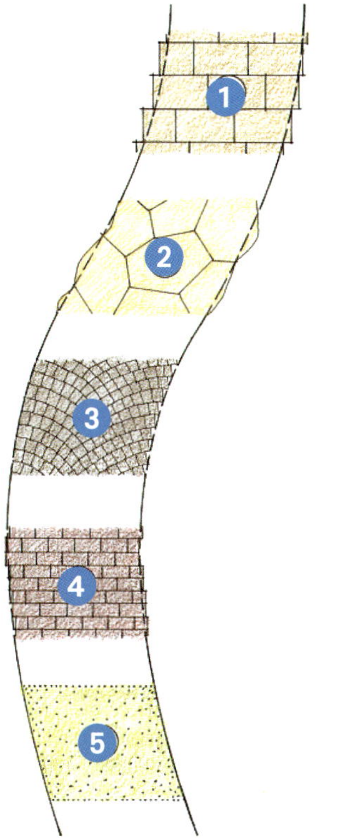

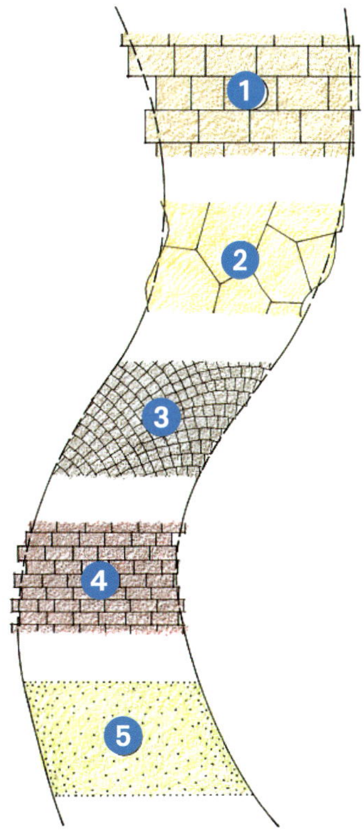

5 **Geschwungene Wege mit parallelen Kanten:** *Die Wegränder versetzen sich bei rechtwinkligen Platten, um der theoretischen Wegkante (Strichellinie) zu folgen. Unregelmäßige Platten müssen an den Außenkanten nicht zwangsläufig nachgearbeitet werden. Pflastersteine ergeben einen fein gezackten Wegrand, wenn Sie diese nicht mit einer zusätzlichen Pflasterzeile als Randstütze fassen wollen. Kies, Splitt oder Rindenmulch folgen dem Wegrand dagegen exakt, unabhängig von einer Randeinfassung.*

6 **Geschwungene Wege mit unterschiedlichen Wegbreiten:** *Wege können auch „schwingen", wenn Sie die Wegbreiten ungleich gestalten und beidseitig einen unterschiedlichen Kantenverlauf planen. Am schönsten wird so etwas mit unregelmäßigem Natursteinpflaster oder einem Kies-, Splittbelag. Mit Platten oder Betonpflastersteinen entstehen wieder mehr oder weniger stark versetzte unregelmäßige Kanten, die sich aber auch gut mit anschließendem Rasen oder Pflanzungen verbinden können.*

Gehwege

- Regelbreiten: Für Hauseingänge und Hauptwege im Wohngarten genügen 120–150 cm Wegbreite. Für Nebenwege sollten 40–80 cm eingeplant werden. Schrittplattenwege mit 40 cm Breite reichen für selten begangene Wege. Der Abstand in der Reihe von Mitte zu Mitte der Platten sollte 65 cm betragen.

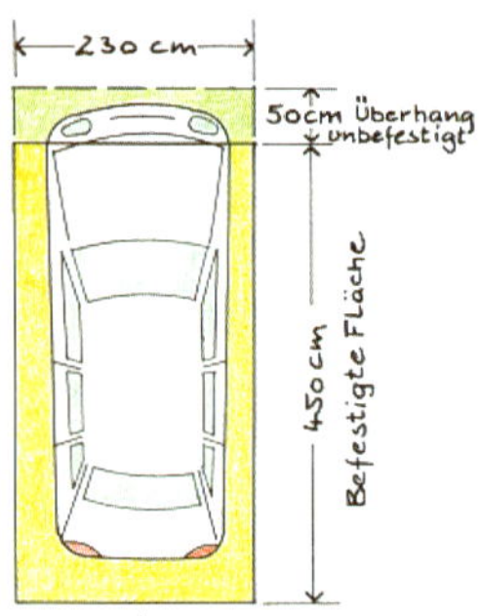

▲ Mindestmaße für PKW-Stellplatz.

▼ Wichtig bei Gefällewechsel ist die Ausrundung oben und unten, sonst besteht die Gefahr des Aufsitzens.

Wegbreiten, Gefälle, Tragschichten – nichts dem Zufall überlassen

Wegbreiten: Für Wegbreiten und Gefälle gibt es einige Richtwerte, die die Planung erleichtern. Sie haben sich in der Planungspraxis herausgebildet und geben den minimalen Platzbedarf wieder. Bei normalen Gehwegen hängt es natürlich davon ab, wie viele Personen sich nebeneinander bewegen. Um möglichst bequem gehen zu können muss der Weg für eine Person 40–60 cm breit sein, für zwei Personen 120 cm, für drei Personen 180 cm. Wollen Sie nur zur Wäschehänge oder zum Kompostplatz, genügen sicher Schrittplatten. Der Weg muss durchgehend befestigt sein, wenn er mit dem Schubkarren befahren werden soll. Darüber hinaus spielt die Größe des Gartens selbst eine Rolle. Je kleiner der Garten ist, um so schmaler sollten die Wege sein.

Führen Wege an Sträuchern, Hecken oder Mauern vorbei, ist es günstiger, den Weg mindestens 30 cm breit davon abzurücken, um so genügend Bewegungsfreiheit für die Arme zu schaffen.

Für PKW-Stellplätze ist eine Fläche von 230 cm Breite und 500 cm Länge vorzusehen, wobei nur nötig ist, 450 cm zu befestigen, der Rest ist Fahrzeug-

Fahrwege

- Regelbreiten für einspurige Fahrwege müssen mit 225 cm eingeplant werden, bei zweispurigen Wegen mit Begegnungsverkehr auf geraden Strecken benötigt man 450 cm. In Kurven ist wenigstens ein Außenradius von 650 cm für PKW`s erforderlich, um angrenzende Vegetationsflächen nicht zu beschädigen.

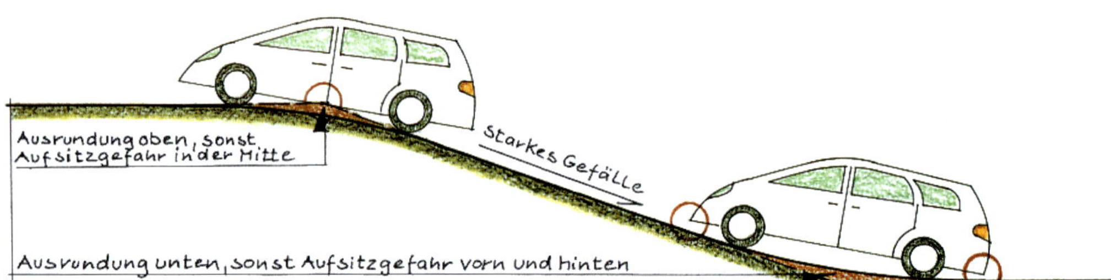

überhang vorn. Liegen sich Stellplatzreihen gegenüber, soll die Fahrgasse mindestens 600 cm breit sein, um ein bequemes Ein- und Ausparken zu ermöglichen. Nur wenn die Stellplätze breiter als 230 cm angelegt sind, kann die Fahrgasse um das Mehrbreitenmaß verschmälert werden. Erhöhte Bordsteine als Kurvenschutz sollten im Garten nur unter bestimmten Voraussetzungen gebaut werden, sonst wird der Straßencharakter zu sehr deutlich. Auch auf nicht zu knapp bemessene Wendemöglichkeiten ist zu achten, um häufiges Rangieren zu vermeiden. Grasdurchwachsene Steinflächen sind eine optisch empfehlenswerte Lösung für Fahrflächen, die kleiner erscheinen sollen.

Die eigentliche Wegeführung ergibt sich dann über die gesamtheitliche Gestaltung, also auch über die Wahl des Belagsmaterials (s. Seite 11ff).

Gefälle: Im Freien muss Niederschlagswasser stets von befestigten Oberflächen in eine bestimmte Richtung abfließen können, sonst bilden sich Pfützen und im Winter Eisglätte – auch wenn Sie einen sickerfähigen Belag (Kies, Splittdecke mit durchlässigem Schotterbett) planen. Ergibt sich aus dem Gelände ein Längsgefälle, muss das Wasser am Tiefpunkt des Wegendes verschwinden können. Unter 1 %, also 1 cm Höhendifferenz auf 1 m Weglänge, sollte das Gefälle nicht sein, sonst läuft kein Wasser auf rauem Belag. Ist das Gefälle steiler als 7 % müssen Treppenstufen eingeplant werden.

Bei Fahrwegen am Hang mit starkem Gefälle in Längsrichtung muss auf genügend Ausrundungsstrecke geachtet werden, damit die Fahrzeuge nicht aufsitzen (s. Zeichnung S. 14). Das Längsgefälle kann bei Fahrwegen maximal 15 % sein, 10 % sind aber anzustreben.

Entsteht kein Längsgefälle, ist ein Quergefälle von mindestens 2 % vorzusehen, damit Nieder-

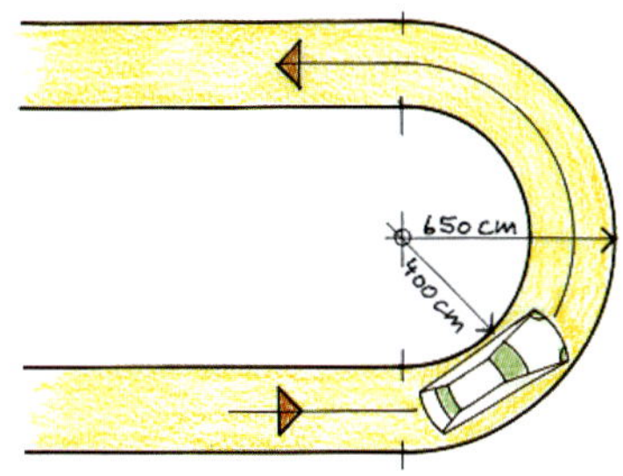

▲ Mindestradien für PKW-Fahrwege.

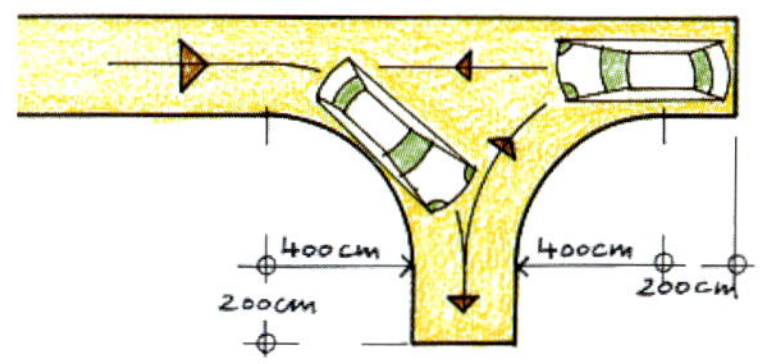

▲ Mindestmaße für bequeme PKW-Wendeplätze.

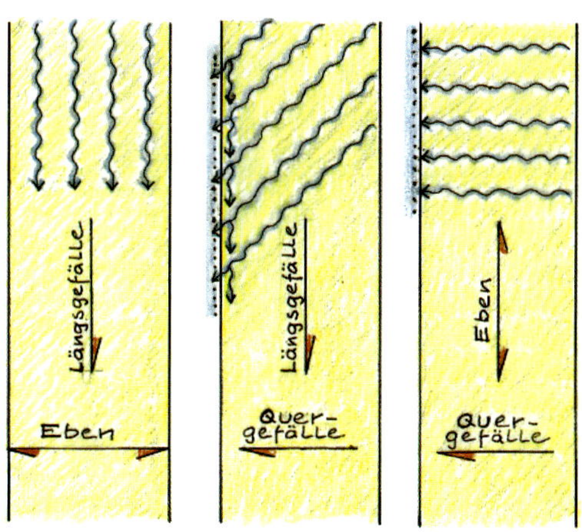

▼ Gefälleprinzipien zur Wegeentwässerung: (von links)
1. Regenwasser läuft auf ganzer Wegbreite gleichmäßig zum Tiefpunkt und versickert dort oder geht über einen Ablauf in einen Entwässerungskanal.
2. Regenwasser läuft diagonal über den Weg und sammelt sich am Rand, versickert teilweise oder läuft weiter.
3. Regenwasser läuft quer über den Weg und kann gleichmäßig am Rand versickern.

schlagswasser einseitig am Wegrand versickern kann. Deshalb sollten Wege seitlich bündig abschließen, so dass die Belagshöhe mit der Geländehöhe gleich ist. Erhöhte Wegkanten behindern nur die Versickerung. Eventuell zusätzliche Entwässerungseinrichtungen müssen Sie nur an Tiefpunkten des Geländes bei Anstau- und folgender Überschwemmungsgefahr einplanen, oder wenn aufgrund etwaiger behördlicher Auflagen

▼ 1. Stufe am Gartenausgang (Schnittansicht)
2. Entwässerungsrinne mit Gitterrost am Gartenausgang

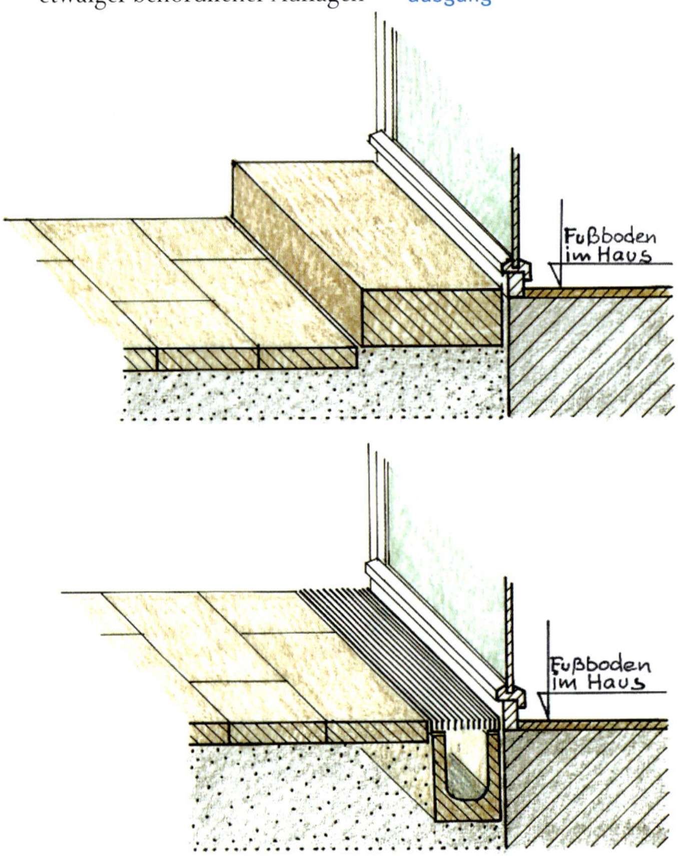

keinerlei Wasser von privaten auf öffentliche Flächen laufen darf.

Dazu noch ein Hinweis über die Höhenanschlüsse bei Türen, die aus dem Haus heraus ins Freie führen: Eine Stufe vor der Tür verhindert, dass auf Außenbelägen stauendes Regenwasser ins Haus eindringt. Schöner und bequemer ist es aber, wenn Innen und Außen ein gleiches Höhenniveau bilden. Für Rollstühle ist dies ohnehin unerlässlich. Um bei solchen Anschlusslösungen eindringendes Niederschlagswasser abzuwehren, bietet sich mit einer gitterrostabgedeckten Rinne vor der Tür, die an die Kanalisation – oft genügt das Regenrinnenfallrohr – angeschlossen ist, ein konstruktiv wirkungsvoller Ausweg an.

Tragschichten: Unter dem Belag sind sie später unsichtbar, aber stabilitätssichernd. Deshalb können Beläge nicht einfach auf den Erdboden verlegt werden. Selbst bei Gehflächen können Sie aus Stabilitätsgründen auf eine Tragschicht oft nicht verzichten. Das geht allenfalls bei großen Platten, aber auch diese werden sich allmählich verschieben. Pflastersteine oder Splitt- beziehungsweise Kiesflächen sinken im regenweichen Boden unter Belastung ein und die Erde kommt durch Fugen und Streuschichten nach oben. Nicht selten sacken ältere Beläge bei einer unzureichend eingebauten Tragschicht ab, einzelne Steine wackeln und werden zu Stolperfallen. Ein Verzicht auf besondere Tragschichten im Garten ist eigentlich nur im reinen Sand- oder Kiesboden ohne Erdanteile möglich.

In unseren vorwiegend lehmigen Gartenböden, die Wasser speichern oder gar stauen, sollten aber Tragschichten aus mineralischem Material wie beispielsweise Kies, Schotter oder recycelter Bauschutt eingebaut werden, deren Dicke an der künftigen Belastung zu messen ist. Um die künftige Belagssohle planieren und verdichten zu können, muss Erde abgehoben werden. Nur für Schrittplatten genügt ein Sandbett von 3–5 cm ohne Tragschicht. Alle anderen Gehflächen erhalten eine 20–25 cm dicke Tragschicht, bei Fahrflächen muss die Schicht 30–35 cm dick sein. Das Ganze muss so tief unter den fertigen Belagshöhen enden, dass noch eine Platten- oder Pflasterdicke einschließlich 5 cm Sandbettung, beziehungsweise dünne Deckschichten aus Kies, Splitt oder Rindenmulch, in der Regel 3–5 cm dick, darauf passen. Auch das Gefälle muss bereits in der Tragschicht berücksichtigt werden.

◀ Ist der Unterbau nicht stabil genug, kann sich der Belag aufwölben oder absacken und zur Stolperfalle werden.

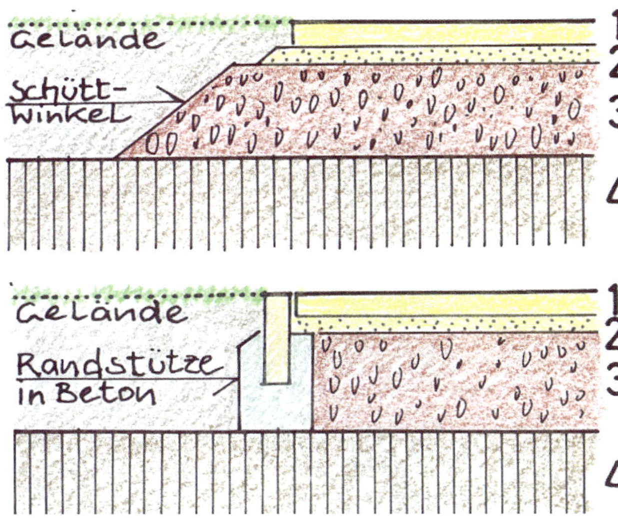

▲ Aufbau einer Tragschicht (Schnitte):
1. Endbelag (Platten oder Kies/Splitt/Rindenmulch)
2. Bettung Sand oder Splitt (nur bei Platten und Pflaster)
3. Tragschicht Kies oder Schotter
4. Planiertes Gelände

■ Belagsränder gestalten

Bei der Entscheidung, ob der Geh- oder Fahrbelag bündig mit dem angrenzenden Gelände abschließt oder ein erhöhter, zusätzlich gebauter Rand die Begrenzung sein soll, stehen vor allem funktionelle Gründe im Vordergrund.

Entwässerungstechnisch ist der bündige Abschluss (s. Seite 15ff) besser, denn das ablaufende Niederschlagswasser kann schneller versickern. Ein weiterer Vorteil ist die erleichterte Rasenpflege. Außerdem verwachsen die Ränder etwas mit der angrenzenden Vegetation, so dass die harten Konturen mit der Zeit verwischen. Erhöhte Randbegrenzungen aus Pflastersteinen oder Kantensteinen vertiefen den Belag, das Regenwasser versickert, je nach Belagsart und Material nur ganz allmählich oder läuft bei Längsgefälle an den tiefsten Punkt. Letzteres ist nur dann günstig, wenn am Tiefpunkt das Wasser schadlos versickern kann oder ein Ablauf eingebaut ist, der Kanalisationsanschluss hat.

Wegränder

Zusätzliche Kante bei:
- Starkem Hanggefälle
- Stabilisierung gegen das angrenzende Erdreich
- Präzise gewünschter Wegkante

▼ Ohne erhöhte Wegkante kommt es in diesem Garten zu Erdabschwemmungen. Wenn allerdings der Rasen einmal dicht gewachsen ist, bessert sich die Situation.

Günstig ist die erhöhte Kante bei starkem Hanggefälle, um Erdabschwemmungen durch seitlich ablaufendes Wasser entlang der Wege zu vermeiden. Bei geringem Längsgefälle ist das unerheblich, so dass auf erhöhte Kanten verzichtet werden kann.

Ein weiterer Aspekt der Randgestaltung ist die Stabilisierung gegen das angrenzende Erdreich. Platten liegen dank ihrer Fläche sicher, wenn die Tragschicht seitlich etwas vorsteht. Sie benötigen deshalb keine zusätzlichen Maßnahmen. Bei kleinformatigen Pflasterungen dagegen wandern mit den Jahren die Steine am Rand etwas auseinander. Gras wächst herein, festigt damit allerdings auch wieder die Einzelsteine. Wer das nicht will, muss den Rand mit Beton stabilisieren. Entweder durch einen extra gebauten bis auf die Wegsohle betonierten

Fundamentstreifen mit aufgesetzter Pflasterzeile oder Kantenstein – eine sehr dauerhafte Lösung – oder mit einem einfachen Mörtelkeil entlang der Belagskante, die auf der Tragschicht aufliegt. Das ist nicht ganz so haltbar, vor allem, wenn die anschließende Erde immer gelockert wird und keine feste Rasennarbe bildet. Bei Kies-Splittdecken, die dünne Belagsschichten bilden, ist eine zusätzliche Begrenzung mehr eine Gestaltungs- als Stabilitätsfrage: Will ich eine präzise Kante oder kann das Gras soweit hereinwachsen, wie es nicht abgetreten wird? Bituminöse Schwarzbelagsflächen brauchen immer eine stabile fundamentierte Kante, weil sich sonst Risse bilden und die Ränder allmählich zerbröseln. Aber diese Beläge sollten Sie im Garten eigentlich nicht verwenden. Das strukturlose Material mit dem tristen Schwarz ist für kleinteilige Belagsflächen nicht geeignet. Nachträgliche Änderungen sehen wie eingesetzte Flicken aus. Das Material kann bei Setzungen auch nicht wieder verwendet werden, wie es bei Platten oder Pflastersteinen der Fall ist. Bituminöser Schwarzbelag lässt kein Regenwasser durch.

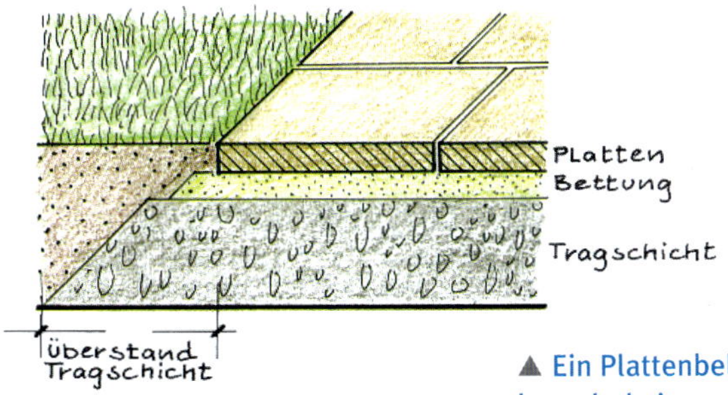

▲ Ein Plattenbelag braucht keine zusätzliche Randstütze.

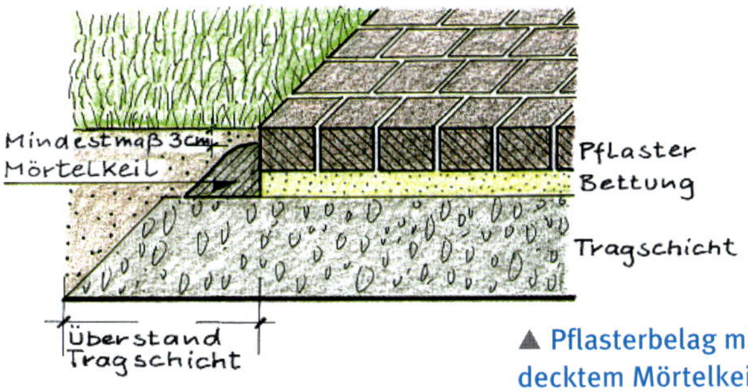

▲ Pflasterbelag mit verdecktem Mörtelkeil als Randstütze.

▲ Pflasterbelag mit bündiger Pflasterzeile im Betonfundament als Randstütze.

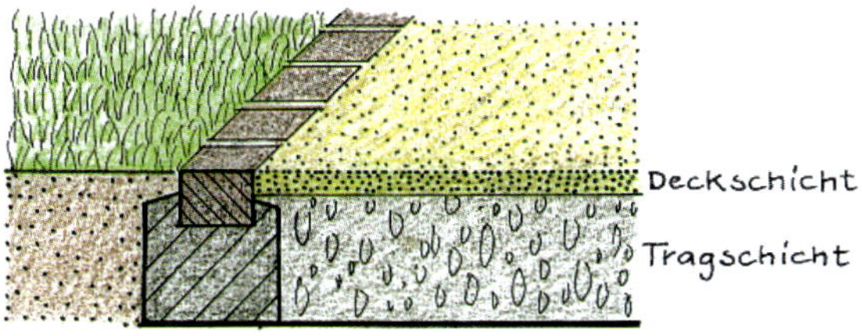

▲ Kies- oder Splittbelag mit bündiger Pflasterzeile im Betonfundament als Randstütze.

2. Schritt: Entwurfsideen entwickeln

Nun gilt es, das bisher theoretisch Angeeignete in den wichtigsten Teilen auf der Grundlage Ihrer konkreten Gartensituation in einen Entwurfsplan umzusetzen.

■ Vorbereitungen für Geh- und Fahrwege

Tragen Sie, bevor Sie mit dem Aufzeichnen beginnen, alles bisher Überlegte gedanklich oder besser auf dem Papier nochmals zusammen. Vielleicht haben Sie sich auch Anregungen aus anderen Gärten, öffentlichen Grünanlagen oder Zeitschriften geholt, die im eigenen Garten verwirklicht werden können?

Zum Entwerfen brauchen Sie das Baugesuch des Architekten, aus dem der Gebäudegrundriss, das Gartengrundstück mit seinen Grenzen und die Straße erkennbar ist. Auf ein darüber gelegtes Transparentpapier werden Erdgeschoss, Grundstück und Straßenbegrenzung abgezeichnet. Auch müssen Sie besonders auf die Eintragung des richtigen Maßstabs achten, ohne den ein Plan wertlos ist. Im Gelände wird geprüft, was im Baugesuch nicht enthalten ist und noch ergänzt werden muss: Gibt es vorhandene Bäume oder anderes das bleibt oder vielleicht sogar noch wächst und zu beachten ist? Ist eine Geländeneigung vorhanden, fällt die Fläche vom Haus ab oder steigt diese an? Wenn ja, wie steil? Werden Treppenstufen nötig? Meist können Sie das mit einem Klappmeterstab selbst ausmessen. All das müssen Sie auf der Zeichnung vermerken. Es muss nicht besonders schön gezeichnet sein aber maßstäblich genau und gut lesbar. Nun kann am Tisch mit ersten Planskizzen für die Wege begonnen werden.
Je ein Beispiel für den Vorgarten

TIPP

Wichtig ist der Maßstab der Zeichnung, der mit der Durchzeichnung des Architektenplanes in der Regel auf 1:100 festgelegt ist. 1 cm auf dem Lineal sind 1 m in der Natur. Für größere Gärten wird der Maßstab 1:200 verwendet, der alles nochmals um die Hälfte kleiner darstellt als bei 1:100.

Folgendes Zeichenmaterial benötigen Sie:

- 1 Block Transparentpapier, Din A 4 oder größer
- ein Blatt Millimeterpapier
- Lineal mit Maßeinteilung
- Bleistift
- Radiergummi
- Farbstifte
- eventuell Zirkel
- Tesakrepp zum Fixieren auf dem Tisch
- Klappmeterstab für draußen

und den Wohngarten sollen im nächsten Abschnitt über Wege im Vorgarten und Wohngarten verdeutlichen, welche prinzipiellen Möglichkeiten es gibt, denn jedes Grundstück birgt andere Schwierigkeiten, aber auch einmalige Chancen. Die dargestellten Lösungsansätze der Gestaltungsbeispiele sind angenommen, entsprechen aber in der Wirklichkeit häufig auftretenden Bebauungs- und Grundstückssituationen. Die Ergebnisse lassen deshalb erhoffen, dass die resultierenden Entwürfe sinngemäß auf Ihre eigenen Verhältnisse anwendbar sind. Zuvor sollte nochmals die Schrittfolge veranschaulicht werden.

Erläuterung des Arbeitsvorgangs am Beispiel eines Reihenhauses am Hang:

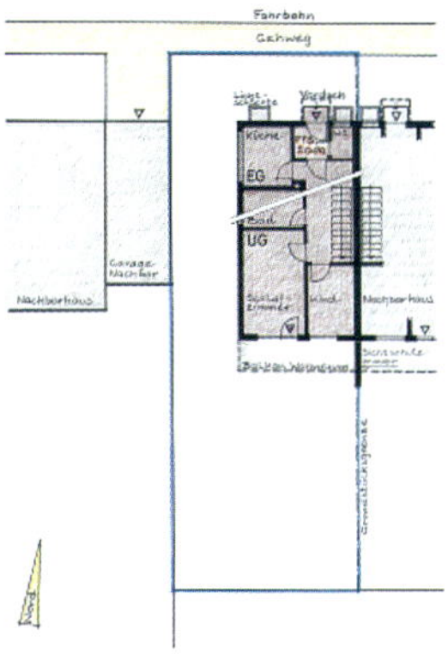

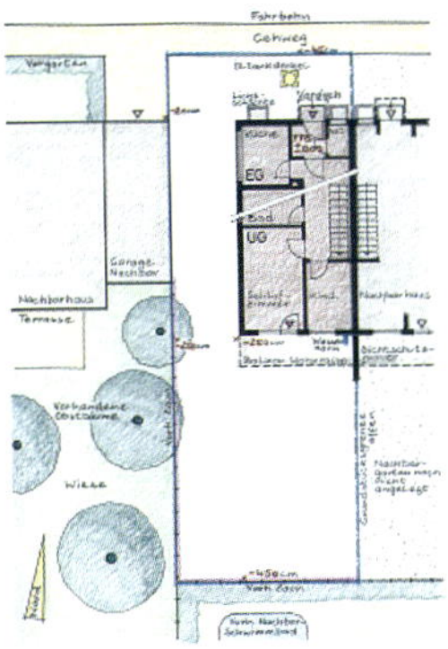

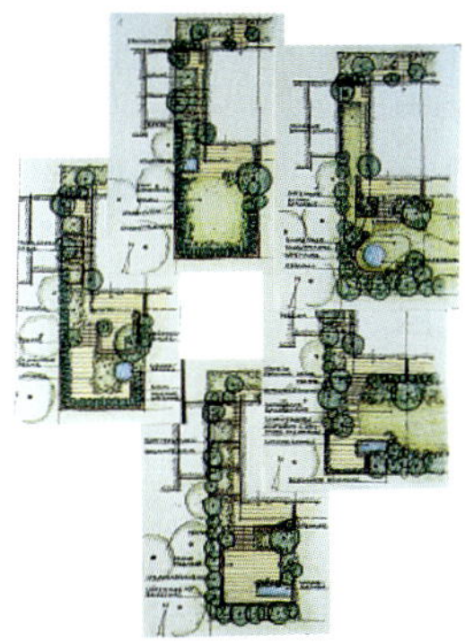

1 Legen Sie ein Blatt Transparentpapier auf den Architektenplan und zeichnen das Erdgeschoss, das Grundstück, die Nachbarhäuser und die Straßenbegrenzung des Baugesuches durch. Damit haben Sie das Grundlagenblatt für die weitere Arbeit. Auch der Nordpfeil darf nicht fehlen, um die Himmelsrichtung zur Sonne zu wissen.

2 Auf der so vorbereiteten Zeichnung wird nun noch ergänzt, was nicht im Baugesuch enthalten ist. Am Hang sind auch die Geländehöhen wichtig. Hier ist der Erdgeschossfußboden ist ± 0,00. Das Gartengeschoss 250 cm tiefer. Das Gartengrundstück endet 450 cm tief unter dem Erdgeschoss.

3 Alle folgenden Entwurfsalternativen werden immer wieder mit neu darüber gelegten Transparentpapierblättern ausprobiert, ohne ständig radieren zu müssen. So erhalten Sie sich alle Vorstufen Ihrer skizzenhaften Ideen, manchmal stellt sich nämlich heraus, dass der erste Lösungsversuch doch der Beste war.

■ Wege im Vorgarten und Wohngarten

Für den Vorgarten steht meistens nicht so viel Platz zur Verfügung. Es gilt also Nützliches, Praktisches und Schönes miteinander zu verbinden. Es bieten sich einige Möglichkeiten an, wobei die in Skizze 1 und 2 vorgestellten Grundprinzipien fast immer auf die vorhandene Situation anwendbar sind.

In **Skizze 1** ist die Garageneinfahrt und der Eingangsweg getrennt. Dadurch ergibt sich eine direkte Verbindung zum Hauseingang mit Querweg zur Garage. Das scheint die schlüssigere Lösung zu sein. Außerdem kann der separate Hauseingangsweg mit kleinen Bäumen, Sträuchern, Stauden oder Rankbögen besonders einladend gestaltet werden. Es entstehen aber verschieden große Grundstückszuschnitte, die den Vorgarten kleiner wirken lassen.

Das kombinierte Prinzip in **Skizze 2** spart befestigte Flächen, weil Geh- und Fahrweg zum Haus zusammengelegt sind und die Grünfläche zusammenhängend erhalten bleibt. Der Zugang zur Haustür ist dafür allerdings etwas umständlicher und der Garageneinfahrtsbelag ist längsgeteilt.

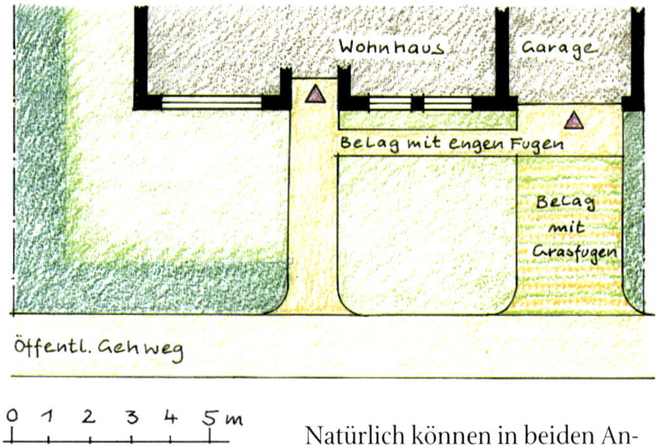

1 *Getrennte Fahr- und Gehflächen durch den Vorgarten (Grundriss). Vorteil: Direkte Verbindungen. Nachteil: Zerschnittene Grünfläche.*

Natürlich können in beiden Ansätzen auch die Gehwege leicht geschwungen verlaufen.

Welcher Ansatz ist nun zu empfehlen? Beides kann richtig sein, hat jeweils Vor- und Nachteile. Generell jedoch ist eine möglichst großzügige Lösung zu bevorzugen und das sind wenig geteilte Flächen. Dadurch wirkt der Vorgarten größer und besser zur Straße hin abgeschlossen.

Im Wohngarten sollen ebenfalls zwei Grundprinzipien die verschiedenen Gestaltungsmöglichkeiten aufzeigen: Entweder entscheidet man sich für einen rund um den Garten führenden Wegeverlauf zurück zum Ausgangspunkt oder alternativ ein frei gewähltes Gegenüber als einen oder mehrere Zielpunkte, zu dem man hin- und zurückgehen kann. Aus diesen beiden Funktionsprinzipien entstammen die meisten Ansätze zur Weggestaltung für einen Haus-

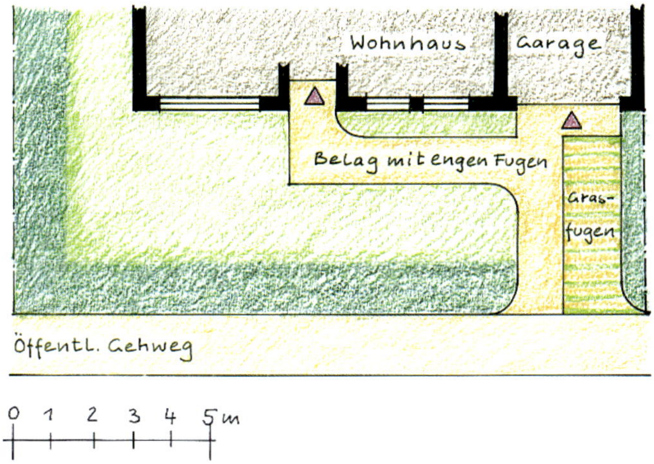

garten. Eine spannungsvolle Wegeführung lässt sich auch mit Kombinationen aus strengwinkligen und geometrisch-geschwungenen Gestaltungsansätzen erzielen. Wegeverläufe mit unterschiedlichen Aufweitungen verändern das Bild ebenfalls auf besondere Weise. Vor allem, wenn der Grundstückszuschnitt vom üblichen Rechteck abweicht oder steiles Hanggefälle in Verbindung mit Treppen und Mauern besondere Entwurfslösungen erfordert, ist einige Erfahrung nötig, um kein Formenchaos zu erzeugen. Zu welchem Gestaltungsansatz Sie sich entscheiden wird letztlich von vielen Faktoren beeinflusst. Das Grundstück spielt eine Rolle, genauso wie die Gartennutzung. Vor allem prägt aber auch die Lebenseinstellung der Gartenbewohner das spätere Erscheinungsbild des Gartens, zu dem auch die Wegeführung beiträgt.

2 *Zusammengelegte Geh- und Fahrfläche durch den Vorgarten (Grundriss). Vorteil: Zusammenhängende Grünfläche, weniger befestigte Flächen. Nachteil: Etwas umständlicher Hauszugang.*

Je kleiner der Garten ist, um so sinnvoller ist aber eine strenge Wegeführung. So kann eine klar gebaute Ordnung ins Spannungsverhältnis zu einer lockeren Pflanzenwelt gesetzt werden. Aber das kann man auch ganz anders sehen. Am Hang gelten ohnehin andere Gesetze und Zwänge und eine ganz individuelle Gestaltung steht im Vordergrund, auf die in folgendem Abschnitt näher eingegangen werden soll.

Wichtig ist aber eines: Stets sollte ein durchgängiges Formprinzip als Entwurfsidee spürbar bleiben.

Ich habe daraus für Sie nachfolgend in den **Schemaskizzen 3–6** vier Grundformen als „Prototypen“ dargestellt, die sich im ebenen Gelände anbieten und aus denen sich individuelle Lösungen ableiten lassen.

▼ Die Wegeführung am Hang ist nicht so einfach. Davon mehr im Abschnitt „Wege im Hang“.

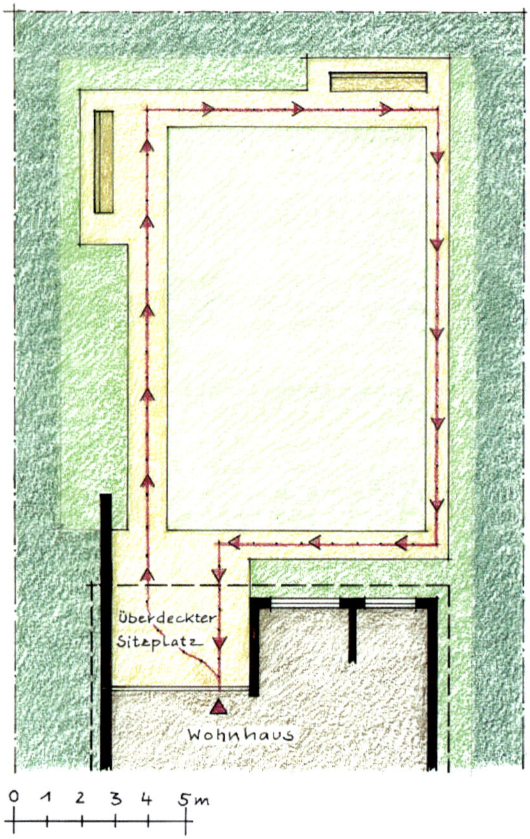

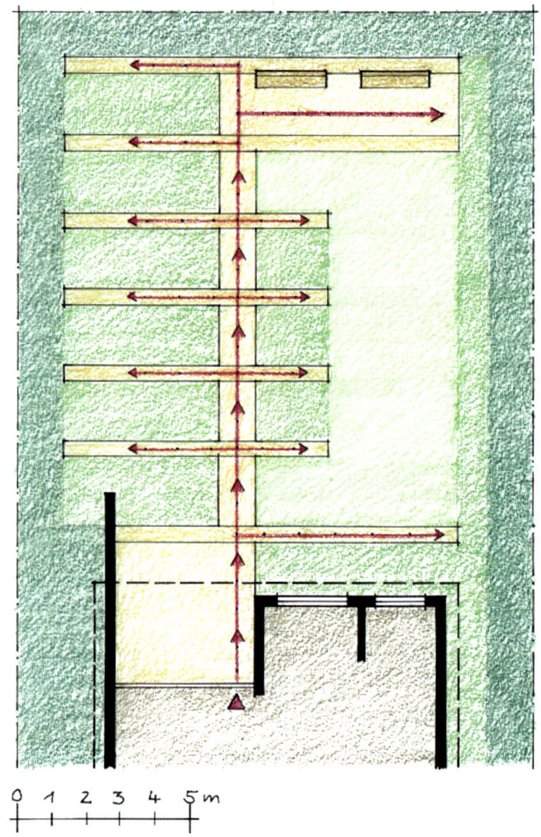

3 Beginnend an der Hausterrasse folgt ein Rundumweg in wechselnden Breiten mit Abstand den Grundstücksgrenzen und führt zum Ausgangspunkt zurück. Es ergibt sich eine klare Aufteilung: Die Ränder können Pflanzungen und andere Einrichtungen aufnehmen, die Mitte ist Rasen. Auch Wasserflächen sind dort denkbar. Das entstandene Raumgefüge ergibt mit dieser Wegeführung klare Verhältnisse: Die Ränder können sich höher entwickeln, die Mitte bleibt dauerhaft niedrig.

4 Von der Terrasse führt ein Hauptweg durch den Garten zu einem Platz (Hauptziel), rechtwinklig abzweigende Seitenwege (Nebenziele) erschließen kammartig ein- oder beidseitig die Vegetationsflächen und gliedern diese gleichzeitig. Auf solchen „Verkehrsadern“ können wir alles gut erreichen. Diese Aufteilung eignet sich auch gut für den Nutzgartenbereich. Der Platz am Hauptwegende kann zweiter Sitzplatz, Gartenhaus, Wasserbecken oder Spielfläche sein. Im Vergleich zu Skizze 3 gibt es keine zentrierte Mitte, der Gartenraum wirkt kleinräumig erschlossen mit einer gewissen Unübersichtlichkeit.

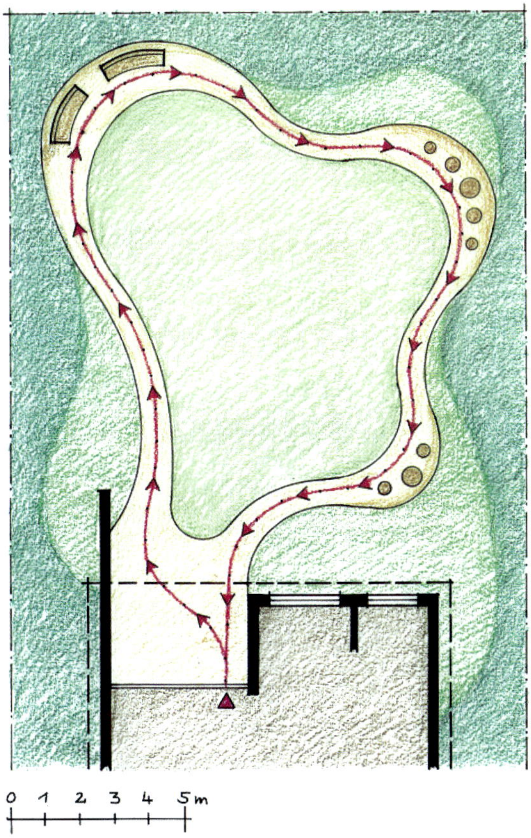

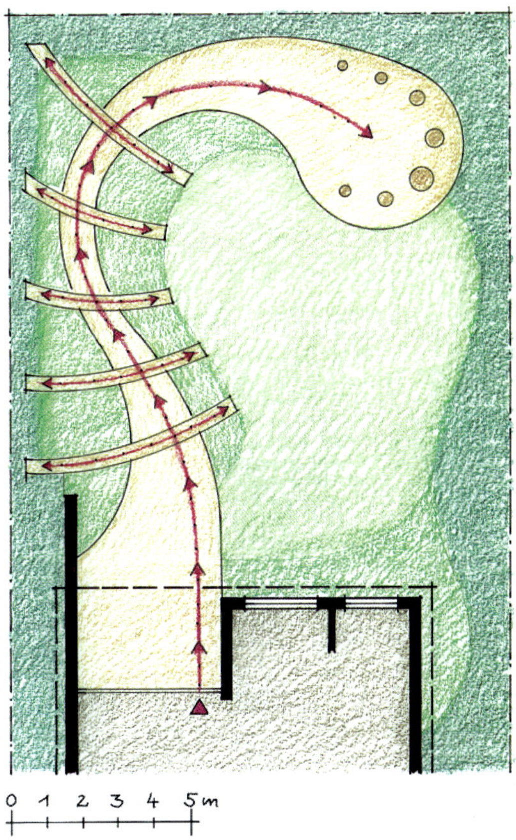

5 *Wird das Rundwegschema mehr oder weniger geschwungen entworfen und zu einem Prinzip mit wechselnden Wegbreiten weiter entwickelt, führt das zu einem romantisch-natürlichen Erscheinungsbild des Gartens. In den kleinen platzartigen Aufweitungen können besondere Gegenstände wie Brunnen, große bepflanzte Töpfe, schöne Steine oder Bonsaigewächse ihren Platz finden; für Sammler ein ausbaufähiges Konzept!*

6 *Das zielgerichtete Prinzip lässt sich ebenfalls mit der geometrisch-geschwungenen Grundform verwirklichen. Unter dem Thema: Großer Schwung mit markantem Endpunkt ist eine Erschließung vor allem im nicht ganz ebenen Gelände leicht abgestuft besser möglich. Auch hier können Nebenziele sinnvoll eingefügt und das gesamte Wegesystem harmonisch mit der begleitenden Vegetation verknüpft gestaltet werden.*

Wege am Hang

Bei den bisherigen Beschreibungen über die Planung Ihrer Gartenwege wurde immer wieder darauf hingewiesen, dass am Hang besondere Schwierigkeiten entstehen können. Darauf soll nun etwas näher eingegangen werden. Das Geländerelief gibt meist die Planung der Wegeführung vor. Je steiler es ist, desto schwieriger wird es, eine gute Lösung zu finden. So kann auf dem Plan die Wegeführung manchmal etwas seltsam aussehen, während sich im gebauten Zustand alles sinnvoll und logisch in die Topografie des Hanges einfügt. Für den Nichtfachmann ist eine Wegeplanung im Hang nicht einfach, denn Gefälle, Geländeneigungen und Kurven müssen bedacht werden. Wird das gesamte Hanggelände in schwierig zu konstruierenden Höhenschichtlinien dargestellt, bereitet das selbst Fachleuten gelegentlich viel Mühe. Einige Grundlagen lassen sich aber trotzdem für kleinräumige Grundstücksverhältnisse und nicht zu steile Hänge vermitteln, damit Sie das Richtige selbst planen können. Umfangreiche und problematische Hangsituationen, sehr steile Hänge mit Stützmauern erfordern jedoch professionelle Lösungen. Hier sollten Sie einen Fachmann zurate ziehen. Nur so finden Sie die optimalen Lösungsansätze heraus, damit auf Dauer eine reparaturfreie Gesamtanlage entsteht. Garten- und Landschaftsarchitekten sind dafür die richtigen Partner, denn so lange umzubauen oder zu reparieren, bis alles stimmt, ist aus meiner Erfahrung stets teurer, als die Planungsleistung eines versierten Fachmannes in Anspruch zu nehmen.

Entwurfsbedingte Besonderheiten am Hang: Zuerst ist zu klären, ob der Hang mit Fahrwegen erschlossen werden muss. Das ist natürlich vor

▼ „Bastion“ an der Wegbiegung. Es entsteht ein situationsbedingt markanter Aussichtspunkt.

allem bei Garagenzufahrten am Hang der Fall. Zwar ist wechselndes Gefälle zwischen flachen und steilen Strecken möglich, wenn die Ausrundungen des Profiles (s. S. 14) beachtet werden. Sie müssen aber auch die Mindestradien und -maße einkalkulieren, um bequemes Ein- und Ausparken zu gewährleisten (s. S. 15). Solche Zufahrten werden in der Regel bereits beim Hausbau durch den Architekten untersucht. Er ist in der Pflicht, das Gebäude so zu planen, dass eine brauchbare Zufahrtstraße entsteht. An weitflächigen, steilen Hängen sind nicht selten echte Serpentinenwege unumgänglich, denn geschwungene Wege vermindern durch Streckenverlängerung das Längsgefälle. Der Höhenunterschied wird allmählich überwunden. Das ist nicht nur für Fahrwege wichtig, sondern genau so für rollstuhlgerechte Wegeverbindungen, wobei hier sogar das Gefälle nicht steiler als 6 % (6 cm Gefälle auf 1 m Wegelänge) sein darf und auf langen Strecken flache Ruhepodeste einzubauen sind.

Reine **Gehwege ohne Fahrfunktion** sind stets leichter in den Hang einzufügen. Die freie Wahl der Wegbreiten und das Einsetzen beliebig vieler Treppen machen das Planen leichter. Mit Podesten und kleinen Plätzen lassen sich auf einfache Weise „Gelenke" zur Richtungsänderung einfügen und Sie können neben gerundeten auch eckige Wegkehrungen planen, da kein Fahren zu berücksichtigen ist. Solche Wegkehrungen lassen sich im Hang zu willkommenen Ruhepunkten mit Aufenthaltsqualität weiter entwickeln. Vorgeschobene ummauerte „Bastionen" oder in den Hang eingezogene mauergestützte Nischen bietet ein Hanggelände, wenn die Chancen planerisch genutzt werden. Nischen mit Rückendeckung gegen den

▲ Sitznische als Aussichtsplatz in den Hang hinein geschmiegt. Es genügt, über den Rasen zu gehen.

TIPP

Beträgt das Längsgefälle mehr als 7 % (7 cm Höhendifferenz auf 1 m Weglänge, müssen Sie Treppenstufen einplanen.

Hang, vielleicht noch mit einer Pergola oder einem Dach versehen, erlauben seitlich gering eingegrenzt oder nach vorn offen ein angenehmes „Einschmiegen" in den Hang. Die aus dem Hang vorgeschobene Bastion dagegen ist weit offen, zum abfallenden Hang idealerweise durch eine niedrige Mauer oder durch Hecken gefasst. Sie erlaubt ein „Hinaustreten" aus dem Hang.

Stufen und Treppen: Bei kurzen Strecken und weniger begangenen Wegen sind oft in den Hang gestaffelte Schrittplatten ausreichend, so dass auf Treppen verzichtet werden kann. Sind Treppenstufen unumgänglich, weil der Weg sonst zu steil würde (in der Regel mehr als 7 % Längsgefälle = 7 cm Höhendifferenz auf 1 m Weglänge), lässt sich neben den normalen Stufenblöcken auch mit Stellstufen arbeiten. Bei dieser Konstruktion kann der Wegebelag als Auftritt über die Stufen geführt werden. Nur schmale Kanten überwinden die Höhendifferenz. Mit einer solchen Lösung entsteht eine Kontinuität des Weges, dessen Belag nicht durch stark optisch trennende Treppen unterbrochen wird. Die Stufenkanten markieren gleichzeitig die Höhenabsätze und sind deshalb beim Abwärtsgehen gut wahrnehmbar. Die Auswahl des Belagmaterials für Treppen und Stufen sollten Sie unter verschiedenen Gesichtspunkten treffen: Nachteilig können sich kleine Setzungen des Auftrittsbelages auswirken, es entstehen Stolperkanten. Eine solide Unterkonstruktion aus Beton ist als Fundament deshalb unumgänglich.

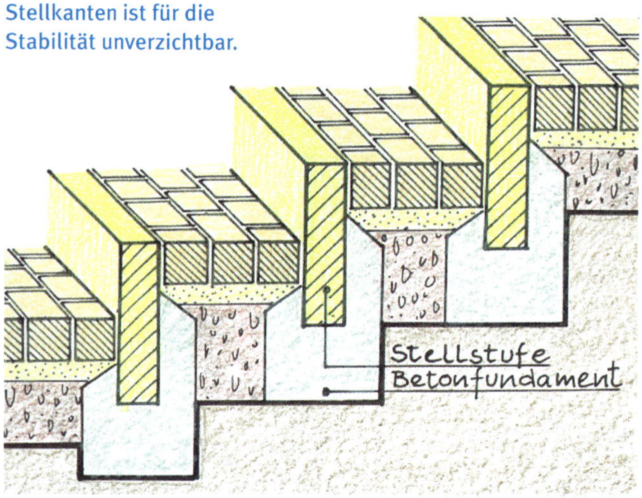

▼ Bauprinzip einer Stellstufentreppe: Der Auftrittsbelag kann entsprechend dem Wegbelag (hier beispielsweise Pflaster) gewählt werden. Eine solide Fundamentierung der Stellkanten ist für die Stabilität unverzichtbar.

Überlegen Sie sich auch, wie hoch die Treppenstufen sein sollten. Bei einem zu steilen Steigungsverhältnis kann das Erklimmen von Treppen auch zur Qual werden. Probieren Sie vor der Planung verschiedene Treppen aus – bei Freunden oder in öffentlichen Anlagen können Sie testen, bei welcher

◀ Bei Stellstufen kann der Wegebelag über die Treppe fortgeführt werden. Es entsteht ein großzügiger Zusammenhang, denn die Treppe wirkt nicht trennend.

Stufenhöhe das Steigen Spaß macht.
In manchen Fällen erscheint es erforderlich, befahrbare Trassen trotz Treppeneinbau vorzusehen, beispielsweise für Fahrräder und Kinderwagen. Trassen, die in die Treppen integriert sind, wirken unangenehm steil und sind oft nur schwer befahrbar. Besser sind unabhängig von den Treppen geführte Rampen. Die Wegstrecke lässt sich auf diese Weise meist verlängern und damit flacher gestalten.
Nutzgarten- oder Blumenbeete, Staudenrabatten und Steingärten, dies und noch einiges mehr können Sie in Ihrem Hanggarten als Terrassierungen anlegen. Die Beete sollten aber durch Stützmauern oder durch gestufte Zwischenböschungen abgestützt werden. Außerdem sind für die Pflegemaßnahmen hangparallel verlaufende Zugangswege unverzichtbar. Diese genügen als schmale, aber auf Dauer befestigte Pfade. Sie unterscheiden sich nicht in der Bauweise von Wegen in der Ebene. Solche Wege sind ebenfalls in größeren Böschungen empfehlenswert, weil die Zugänglichkeit zur Pflege erleichtert wird.

Technisch bedingte Besonderheiten am Hang: Für die Planung von Wegen im Hang gelten nicht nur die bisher beschriebenen Bautechniken und Regeln wie für Wege in der Ebene. Der Hang stellt darüber hinaus besondere technische Anforderungen, die bei der Planung zu beachten sind.

Hangwege

Führen Hangwege an Mauern vorbei, ist es günstig, diese mindestens 20 cm von der Mauer abzurücken. So ergibt sich genug Armfreiheit beim Gehen entlang der Mauer. Sie können den Weg schmaler halten und es entsteht ein willkommener Pflanzstreifen, von dem aus die Mauer berankt werden kann.

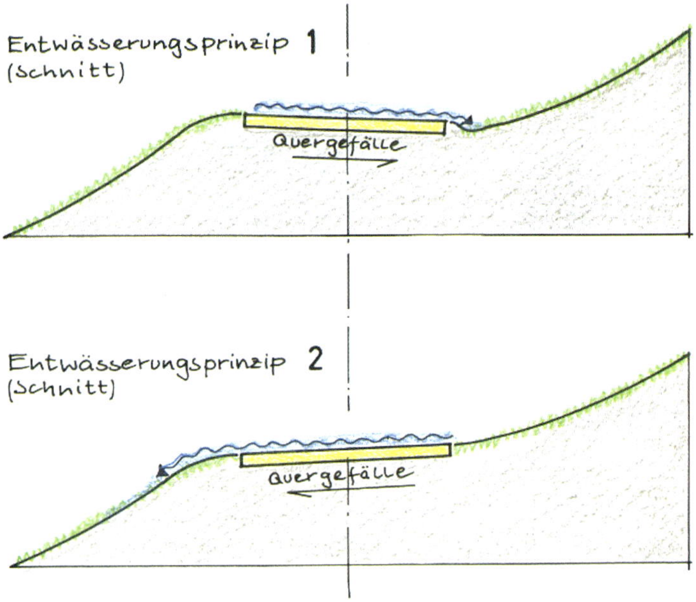

▲ Quergefälle von Hangwegen:
1. In der Regel zur Bergseite. Vorteil: Eventuelle Erosionsschäden sind weniger spürbar.
Nachteil: Optisch hohe talseitige Wegkante stört den Hangverlauf.
2. Gegen die Regel zur Talseite.
Vorteil: Optisch niedrigere talseitige Wegkante passt besser ins Gelände.
Nachteil: Schadensträchtige Randerosionen der Talseite.

So ist das Quergefälle von Wegen in der Regel zur Bergseite hin geneigt. Auf dieser Seite sind eventuelle Randausspülungen weniger schadensträchtig als auf der Talseite. Dort kann es zu Böschungserosionen führen. Je breiter der Weg, um so wichtiger ist die Querneigung zum Hang. Hinzu kommt noch, dass naturgemäß auf langen Weggefällen mehr abfließendes Niederschlagswasser anfällt als auf kurzen. Lediglich bei schmalen Wegen mit weniger Wasseransammlung spielt die Querneigung zum Hang eine untergeordnete Rolle.

Wie wichtig Tragschichten für Wege sind, wurde bereits beschrieben (s. Seite 16). Um Geländesetzungen am Hang zu vermeiden wird oft anstelle der Schotterschichten zu einer starren Unterbetonschicht gegriffen. Die erhoffte Setzungssicherheit ist aber trügerisch: Einmal kann durch den Oberbelag sickerndes Oberflächenwasser nicht vertikal durch die Schotter- oder Kiestragschicht aussickern, sondern „kriecht" jeweils unsichtbar auf der Betonschicht zu den Tiefpunkten und staut sich an. Dort sickert es aus dem Belag heraus und verschmutzt die Fläche. Außerdem friert an solchen Punkten bei Minusgraden der Belag auf. Auch ergeben die Übergänge zwischen starrer Betonplatte und wechselfeuchtem und deshalb schwindenden oder aufquellenden Geländeanschlüssen im Belag stets deutlich sichtbare und sich verändernde Unebenheiten.

Natürlich sollten Sie bei der Auswahl des richtigen Belagsmaterials darauf achten, dass Formen und Farben mit der gesamten Gartengestaltung harmonieren, sich in das Konzept einfügen und keinen Kontrast bilden.

Eine richtige **Ableitung des Oberflächenwassers** ist besonders bei Hangwegen von

Bedeutung. Dazu gibt es zwei Grundprinzipien, die man in diesem Zusammenhang wissen sollte:

1. Jede längsgeneigte Belagsfläche am Hang führt Niederschlagswasser beschleunigt zum jeweils tiefsten Punkt ab. Bleibt es beim Längsgefälle, läuft das Wasser auf der ganzen Flächenbreite relativ gleichmäßig. Quer dazu liegende Entwässerungsrinnen nehmen das Wasser gleichmäßig auf und führen es unterirdisch durch Rohre ab. Die Belagsränder können bündig gefasst sein, denn der Abfluss an den Rändern ist nicht stärker als in der Mitte. Randausspülungen sind kaum zu erwarten (Zeichnung links)

2. Tritt jedoch zum Längsgefälle ein Quergefälle hinzu, entsteht eine wasserführende Kante am Belagsrand mit der Gefahr verstärkter Ausspülungen des anschließenden Geländes. Es ist folglich eine erhöhte Kante zu bauen, um das Wasser schadlos abfließen zu lassen. Die Sammelpunkte müssen dann auch Ablauftöpfe sein, die in der Fließrichtung liegen und punktuell das Niederschlagswasser aufnehmen und nicht breitflächig wie die Rinnen. Dieses zweite Prinzip hat den Vorteil, dass der Wasserabfluss planerisch besser zu steuern ist und sowohl Geh- als auch Fahrflächen nicht so breit „überschwemmt" werden. Auch

▶ Entwässerung von Hangwegen:
links: Wasser fließt gleichmäßig breit. Ableitung über gerade Wegbreite (Rinne).
rechts: Wasser fließt am Rand. Ableitung punktuell (Ablauftopf) seitlich.

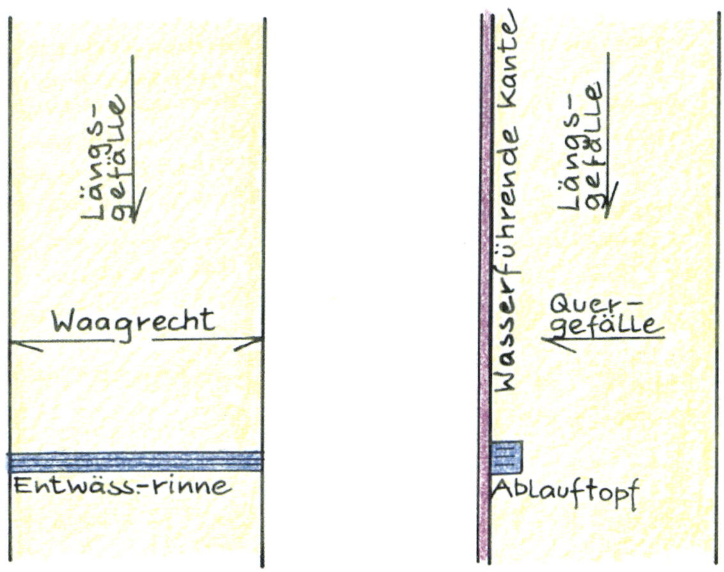

bilden sich durch die doppelte Gefällerichtung (längs und quer) bei kleineren Setzungen weniger häufig Pfützen.

Bei der Auswahl der **Belagsmaterialien** ist am Hang ebenfalls manches anders. Während auf ebenen Flächen alle gebräuchlichen harten und weichen Belagsmaterialien möglich sind, sowie weitgehend durch formale Gestaltung und geplante Nutzung entschieden werden, gelten am Hang technische Einschränkungen. Je nach Gefälle und Flächengröße ist bei allen Materialien zu prüfen, ob durch schnell abfließendes Oberflächenwasser eine erhöhte Erosion und damit häufiger Reparaturaufwand zu erwarten ist. Hierzu zählen die wassergebundenen Kies-, Splitt-, Sand- oder Rindenmulchdeckschichten. Auf gefällelosen oder schwach

▲ Links: Rasenweg am Hang. Bodenverdichtung führt am Hangfuß zur Vernässung und Rasenverlust.

Rechts: Die Verklammerung des Betonsteinbelages durch besonders geformte Steine ist am rutschgefährdeten Hang günstig.

geneigten Wegen und Plätzen können diese Materialien selbstverständlich ohne Einschränkung verwendet werden. Steile Rasenwege sind zumindest bis zum Erreichen einer stabilen Gräserdecke stark erosionsgefährdet. Diese Ausführung wird ohnehin wegen der mühsamen Mäharbeit am Hang selten erwogen. Selbst die beständigen Platten- oder Pflasterbeläge dürfen bei starken Steigungen keine zu glatten Oberflächen ergeben, um die Geh- und Fahrsicherheit nicht zu beeinträchtigen. Bei Betonpflasterungen sind Formate günstig, deren Einzelsteine sich verklammern und deshalb nicht so leicht in Bewegung geraten. Grüne Steinbeläge sind immer möglich, wenn die Steine den Belastungsdruck aufnehmen und die Ränder stabilisiert sind.

Kurvenreiche Pflasterwege erreichen eine ruhige Wirkung, wenn die Steinreihen in Längsrichtung und nicht quer verlaufen. Auch technisch ist es eine gute Lösung, weil nicht mit Versätzen gearbeitet werden muss. Die Fugen verlaufen gleichgerichtet in Gehrichtung und der Weg erhält eine gleichmäßige Breite mit klaren Rändern. Allerdings ist bei dieser Steinanordung eine stabile Randbefestigung notwendig, besonders wenn er befahren wird, um im Laufe der Zeit klaffende Fugen zu vermeiden. Bituminöse Schwarzbeläge werden am Hang besonders bei Fahrwegen öfters verwendet, obwohl das Straßendeckbaumaterial nicht sehr attraktiv und gartengemäß ist. Der Vorteil liegt in seiner beliebigen Formbarkeit unabhängig von wechselnden Wegrichtungen, wie es vor allem bei Serpentinen der Fall ist. Außerdem wird das Material nicht abgeschwemmt und bei entsprechender Splittbeimischung ist es auch griffig genug. Durch wählbare Splittbeimischungen (z. B. Kalkstein) ist es auch möglich, hellere Oberflächen herzustellen.

▼ Am flach geneigten Hang ist Splittbelag für schmale Wege ohne Abschwemmgefahr noch möglich.

Kapitel 2

Sitzplätze planen

- 1. Schritt: Grundkenntnisse aneignen
- 2. Schritt: Entwurfsideen entwickeln

1. Schritt: Grundkenntnisse aneignen

Plätze zum Ausruhen und Entspannen, zum Essen, Feiern, Träumen und manchmal auch zum Arbeiten – solche Sitzplätze brauchen wir auch im kleinsten Hof, um das Gartenjahr genießen zu können!

◀ Hier genügt die räumliche Anlehnung an das Haus im Vorderrgrund. Die erhöhte Steinmauer verhindert optisches Unbehagen vor der dahinter beginnenden Steilböschung.

■ Was zeichnet gelungene Sitzplätze aus?

Erreicht man den Sitzplatz für den täglichen Gebrauch schnell und stufenlos und verfügt er womöglich noch über ein Dach, können Sie einen großen Teil des Gartenjahres draußen verbringen.

Der Sitzplatz besteht aber nicht nur aus Fläche sondern ist immer ein Raumgebilde, denn ein ringsum freier Platz wird oft gemieden. Es muss ein Schutz vorhanden sein, der gleichzeitig das Gefühl der Geborgenheit vermittelt. Eine eng mit dem Haus verbundene räumliche Seitenbegrenzung wie Gebäudewinkel, hohe Mauern, dicht berankte Holzgitterwände oder Sichtschutzhecken genauso wie eine Pergola oder Laube sind also von großer Bedeutung. Schützende Wände und ein eventueller Abschluss nach oben sind somit entscheidende Qualitätsmaßstäbe für den praktischen Gebrauch.

Beim Entwerfen müssen die Plansymbole „Fläche“ – „Wand“ – „Dach“ immer aufeinander bezogen und als Gesamtheit überlegt werden. Die Plansymbole „Wand“ und „Dach“ möchte ich nur kurz vorstellen und auf die „Fläche“ im Weiteren näher eingehen.

„Wand“: Transparente „Wände“, beispielsweise Hecken, sind bei genügend weitem Abstand zum Nachbarn oft ausreichend. Blickdichte „Wände“ bieten sich bei geringer Distanz an. Eine

▼ Hausfassade und Terrasse als Materialeinheit. Das Element „Wand“ wird auf der einen Seite vom Haus und an den Grundstücksgrenzen von hohen Sträuchern gebildet.

relativ schalldämmende „Wand“ ist beispielsweise bei Reihenhäusern sinnvoll, wenn die Terrassen nur durch schmale Abstände getrennt sind. Die Nachbarrechte der einzelnen Bundesländer regeln zwar Abstände und Höhenentwicklung, bei Anlagen dicht an den Grundstücksgrenzen ist aber trotzdem auch zum Einvernehmen mit den Nachbarn zu raten.

„Dach“: Oft sind bereits bauliche Voraussetzungen gegeben, wie Balkon- oder Dachüberstände, die den Wetterschutz erfüllen. Kann man sich nicht zu einem dauerhaften „Dach“ entschließen, ist der gleiche Zweck auch mit mobilen Überdachungen beispielsweise Markisen, Zeltdächer oder Schirmen erreichbar. Selbstverständlich zählen auch transparente Schattengerüste, wie Pergolen oder Baumkronen und der offene Himmel zum „Dach“.

Nicht zuletzt prägt auch das atmosphärische Umfeld einen Gartensitzplatz. Wechselnde Wuchshöhen, Licht- und Schattenwirkung der Vegetation, Farbspiele der Blüten und Blätter, das alles schafft eine besondere Nähe zur Natur.

Gliedert man einen Garten geschickt, so lassen sich oft außer dem hausnahen Platz noch andere Sitzplätze anordnen. Das hat den Vorteil, je nach Jahreszeit den günstigsten Aufenthaltsort auswählen zu können. Dazu ist nicht unbedingt ein großer Garten nötig; auch bei kleinem Außenbereich ergeben sich mitunter nutzbare Möglichkeiten. So kann beispielsweise das Ausweichen aus akustischen Gründen bei enger Wohnbebauung ein Argument sein, um mit einem weiteren Sitzplatz vom Haus abzurücken. Oft ergeben sich zusätzliche Plätze mit zunehmend schützendem Wachstum der Gehölze. Auf vielen nach Süden orientierten Sitzplätzen wird es trotz Beschattungsmöglichkeiten manchmal im Hochsommer zu heiß. Ost- und Westlage sind besser, können aber im Frühjahr und Herbst vielleicht schon zu schattig und damit zu kühl sein. Wahlmöglichkeiten sind deshalb günstig, um das Gartenjahr in voller Länge zu nutzen.

Zusammenfassend ist festzustellen: Ein Sitzplatz ist immer gelungen, wenn er zum Bleiben einlädt, vertraut wirkt und einen unaufdringlichen Charme ausstrahlt. In der Summe ist das stets mehr als reine Funktionserfüllung.

▲ Pflanzen als „Wände“. Ein wellenförmiger Schnitt erlaubt Ausblicke „Tal“ und bietet zugleich Schutz „Berg“.

▲ Sitzplatz vom Haus abgerückt, um die ausreichend große Fläche am Hangfuß zu nutzen. Der Schirm dient als mobiles „Dach“.

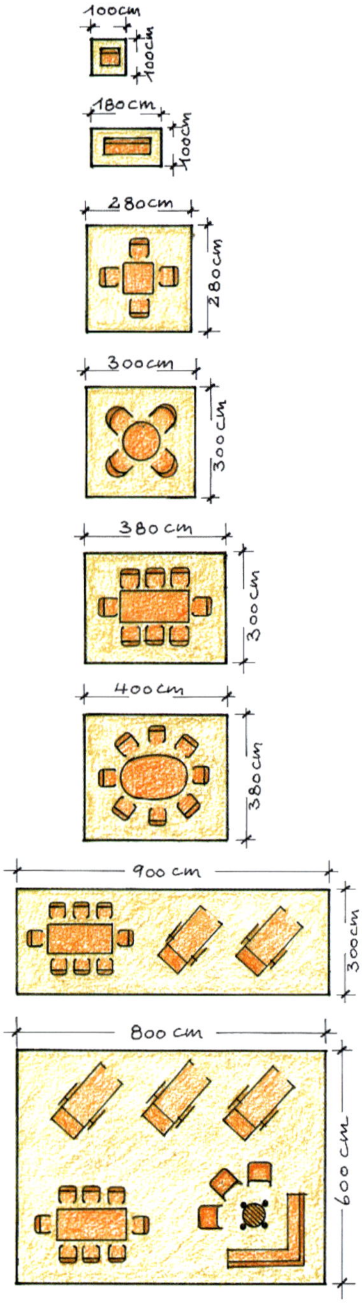

▲ Mindestgrößen für Sitzplätze (Grundrisse)

Platzgrößen und Flächenformen

Die Abmessungen eines Sitzplatzes ergeben sich aus den Mindestanforderungen für Möbelstell- und Bewegungsflächen. Die Flächenform hängt von der jeweiligen Platzsituation ab.

Die kleinste Sitzplatzeinheit ist der Einzelsitz. Er kann als Beobachtungsplatz am Gartenteich, in einer interessanten Pflanzung oder als abgesonderter Rückzugspunkt meist ohne Schwierigkeiten Platz finden. Für Tische und Stühle brauchen Sie mehr Platz.

Gesellen sich Wünsche nach Liegestühlen, Gartengrill und anderem hinzu, so müssen die Flächen entsprechend größer sein. Selbstverständlich können die befestigten Flächen auch großzügiger ausgedehnt werden. Das ist jedoch sehr stark von der Gartensituation, der räumlichen Eingliederung und dem Flächenzuschnitt abhängig. An eine weitflächige Terrasse sollte sich beispielsweise auch eine größere Rasenfläche anschließen, damit der Maßstab gewahrt bleibt. Auch Flächengliederungen beeinflussen die Größenwirkung von Plätzen. Eine lebhafte Gliederung lässt den Platz kleiner erscheinen als eine homogen gestaltete Fläche. Möchten Sie einen Sitzplatz, bei dem man zwischen Schatten- und Sonnenbereich wählen kann, müssen Sie zwangsläufig eine größere Fläche einplanen. Im Zweifelsfall sollten Sie aber die kleinere Fläche wählen, denn bei unzureichender Möblierung kann ein zu großer Platz verlassen und leicht öde wirken. Bei großer Gesellschaft ist ein Ausweichen auf den Rasen sicher auch möglich. Eine offene Rasenseite, die geländegleich an den Sitzplatz anschließt, bringt deshalb auch eine höhere Nutzungsflexibilität.

Der Flächenzuschnitt des Platzes ist jedoch manchmal entscheidender für die Nutzbarkeit als die absolute Quadratmeterzahl. Aus diesem Grund überwiegen die quadratischen und rechteckigen Formen, weil diese am rationellsten und variationsreichsten zu möblieren sind. Aus gestalterischen Gründen

Faustregel

- Tischbreite zuzüglich 100– 120 cm pro Sitzreihe = Platzbreite. Für Rollstühle von Körperbehinderten werden mindestens 4,50 m^2 Freifläche angesetzt.

können mitunter aber auch runde oder dreieckige Formen, vieleckige oder ganz unregelmäßige Flächenzuschnitte angebracht sein, das hängt von der jeweiligen Situation ab. Sehr oft sogar muss ein Sitzplatz um vorhandene Bäume herum entworfen werden. Grundsätzlich gilt: Prüfen Sie immer zuerst die Möblierbarkeit und leiten Sie daraus Flächengröße und -form ab.

Weil zu einem gelungenen Sitzplatz die richtigen Gartenmöbel gefunden werden müssen, hier noch einige Hinweise zur Anschaffung. Bei dem riesigen Angebot des Handels ist die Auswahl nämlich nicht einfach und deshalb nach praktischen Gesichtspunkten vorzunehmen.

▲ Nostalgisch-skurril dazu etwas unbequem und schwer – nicht unbedingt zu empfehlen.

Die wichtigsten Kriterien bei der Gartenmöbelauswahl

- Einfache, robuste Konstruktionen ohne scharfe Kanten und Ecken sind zu bevorzugen.
- Komplizierte und gefährliche Klappmechanismen können leicht Verletzungen verursachen.
- Leichte, auch von Kindern bewegbare Produkte verbessern die Mobilität. Wenn schon schwere Liegestühle, dann sollten sie mit Rädern ausgestattet sein.
- Raumsparendes Zusammenklappen oder Ineinanderstapeln im Winterquartier ist praktisch.
- Stühle und Bänke mit leicht nach hinten geneigter Sitzfläche, nicht zu senkrechter Lehne sowie bequemen Armlehnen sind am besten für entspanntes Sitzen.
- Dünne Stuhlbeine als Kufen ausgebildet sind günstig, wenn der Belag breite Fugen hat oder der Rasen mit benutzt wird, um das Einsinken im weichen Boden zu vermeiden.
- Holzmöbel möglichst imprägniert aussuchen, um bei Bedarf nur nachstreichen zu müssen ohne Abschliff des Altanstriches. Lackierungen blättern durch das Quellen und Schrumpfen des Holzes allmählich ab. Bei Neuanstrich müssen dann erst die alten Farbreste mühselig beseitigt werden.
- Metallstühle wirken grazil und leicht. Edelstahl (teuer) oder auch Aluminium brauchen keinen Korrosionsschutz. Stahl wird heute einbrennlackiert oder kunststoffbeschichtet gegen Korrosion geschützt.
- Kunststoffstühle wirken schnell abgeschabt und zerkratzt. Oft bleibt auch Regenwasser auf den Sitzflächen stehen. Luftige Konstruktionen sind deshalb aus diesem Material die bessere Wahl.
- Korbmöbel oder textile Bespannungen sind nur für trockene, überdachte Plätze geeignet, wenn sie bei jedem Wetter draußen bleiben sollen.
- Die Farbgebung sollte bei bunter Pflanzung generell zurückhaltend sein. Nur beim vorwiegend grünen Garten kann starke Farbigkeit passend wirken.
- Tische müssen fest und sicher stehen, deshalb möglichst keine klappbaren Produkte auswählen. Tischplatten sollen sich auch nicht verziehen oder verfärben. Beim runden Tisch ist ein Mittelfuß wegen der besseren Beinfreiheit zu bevorzugen.

Die Sitzplatzwahl: Sonne und Schatten

Sonne und Schatten sind wichtige Faktoren bei der Auswahl und Gestaltung des Sitzplatzes, denn unser individuelles Wohlbefinden im Freien hängt sehr von Wärme und Licht ab.

Nicht jeder Mensch liebt es, sich in der prallen Sonne aufzuhalten, andererseits kann zu viel Schatten als unangenehm empfunden werden. Bei der Sitzplatzgestaltung sollten Sie ebenfalls daran denken, dass sich im Laufe des Jahres die Intensität der Sonneneinstrahlung verändert. Auch die Übergänge zwischen Sonne und Schatten, die je nach Tages- und Jahreszeit ganz unterschiedlich sein können, sollten bedacht werden, denn gerade dieses Zwielicht ist oft sehr stimmungsvoll.

Ein wichtiger Ansatz für die Planung des Sitzplatzes liegt in der Tatsache, dass Bauten stets gleich bleibende, gleichmäßige und scharf abgegrenzte sowie je nach Jahreszeit von Anfang an genau berechenbare Schattenwürfe ergeben. Pflanzenschatten dagegen erzeugen Streulicht und weiche Schattenränder. Bei Laubgehölzen kommt noch eine unterschiedlich dichte und im Winter fehlende Belaubung dazu. Wichtig ist hier außerdem, dass sich der Schatten von Bäumen und Sträuchern durch Wachstum mit den Jahren verändert und zum Zeitpunkt der Pflanzung nur abgeschätzt werden kann. So müssen bei Neuanpflanzungen die vorübergehend zu sonnigen Sitzplätze durch temporäre Einrichtungen, wie Sonnenschirme oder einem Zeltdach geschützt werden. Die noch zu kleinen Bäume oder die noch nicht ausreichend bewachsene Pergola spenden dann erst nach einigen Jahren den optimalen Schatten. Entscheiden Sie sich für einen Sitzplatz unter

Die Lage

- Schatten lässt sich herstellen, mit der Sonne ist das schwieriger: Die ideale Lage für Sitzplätze ist die Süd-West-Lage, Ost- und Nordlagen sind meist schattig und kühl, Westlagen eignen sich besonders, wenn man sich häufig abends im Garten aufhält.

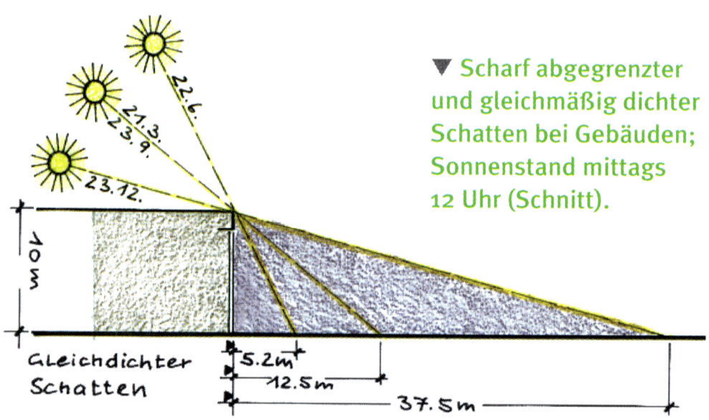

▼ Scharf abgegrenzter und gleichmäßig dichter Schatten bei Gebäuden; Sonnenstand mittags 12 Uhr (Schnitt).

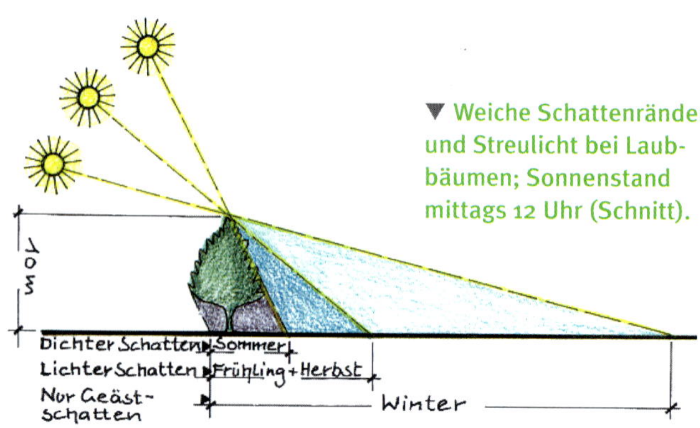

▼ Weiche Schattenränder und Streulicht bei Laubbäumen; Sonnenstand mittags 12 Uhr (Schnitt).

Bäumen treffen Sie keine schlechte Wahl: Durch kontinuierliche Laubentwicklung und Laubabfall ist die Sonneneinstrahlung immer genau richtig. Im Frühjahr wird reichlich Sonne durch die Blätter gelassen, im Sommer bietet das dichte Blätterdach genügend Schutz und im Herbst kann man noch eine lange Zeit im Freien genießen, wenn die Blätter allmählich abfallen und die Sonne durchlassen.

Schatten lässt sich also weitgehend herstellen, entweder durch bauliche Einrichtungen oder Gehölze, die Sonne dagegen ist ein unveränderbarer Faktor. Die Lage des Grundstückes, die Gebäudestellung zur Himmelsrichtung und auch die nähere Umgebung sind meistens feste Größen und somit die Sonneneinstrahlung oft nur im Detail beeinflussbar. Ideal sind natürlich Plätze für morgens, mittags und abends am Haus und weiter im Garten liegende für den Schatten im Hochsommer. Solche paradiesischen Zustände sind aber selten.

Die Süd-West-Lagen sind für Sitzplätze am besten geeignet, Ost- oder gar Nordlagen sind eher schattig und kalt. Um lange Gartenabende zu genießen eignen sich die Westlagen. Diese sind im Sommer bis in die Nacht hinein und auch noch im Spätherbst nutzbar. Sitzplätze in Ostlagen eignen sich für das nicht allzu frühe Frühstück und als Schattenplatz im Hochsommer, wenn Süd- und Westlagen zu heiß werden. Die Südlage kommt ohne Beschattung im Hochsommer nicht aus. Allerdings hat diese Lage den großen Vorteil einer langen Nutzung vom zeitigen Frühjahr bis in den Spätherbst hinein.

▲ Das Blätterdach lässt gerade so viel Licht durch wie nötig. Nur im sonnigen Bereich ist ein Schirm nötig. Ein lockerer Gehölzrand bildet die schützende Wand.

◀ Die schattige Loggia bietet „Wand" und „Dach" als baulichen Schutz. Wird mehr Sonne gewünscht ist es praktisch, wenn die Sitzplatzfläche über das Dach hinaus in den Garten reicht. So lassen sich die Möbel leicht umstellen.

2. Schritt: Entwurfsideen entwickeln

Bevor mit dem Aufzeichnen begonnen werden kann, sind noch viele Fragen hinsichtlich technischer Belange und der Aufenthaltsqualität des Sitzplatzes zu klären. Anschließend sollen zeichnerisch dargestellte Standardsituationen die eigene Planung erleichtern.

Faustregel

- Sitzplatzflächen am Haus immer mit mindestens 2 % Gefälle aus Richtung Haus in Richtung Garten anlegen. Steileres Gefälle ist zwar entwässerungstechnisch noch besser, aber für Suppenteller oder Kaffeetassen ungünstig. Sie können nicht ganz gefüllt werden.

Die zweckmäßigste Sitzplatzlage

Alles was Sie an „Handwerkszeug" für die Planung und Entwicklung der Ideen brauchen, finden Sie im Kapitel „Entwurfsideen für Geh- und Fahrwege". Allerdings stellen sich darüber hinaus noch andere Fragen: Sind Sitzplatzflächen und Hausboden gleich hoch zu bauen oder ergeben sich Stufen? Ist ein Gefälle vom Haus in Richtung Gelände vorhanden? Fällt das Gelände weiter über die künftige Sitzplatzfläche hinaus, so dass Regenwasser gefahrlos ablaufen kann oder steigt der Hang nach dem Platz an, so dass gefährliche Wasserstaubereiche entstehen können, die bauliche Entwässerungsmaßnahmen erfordern? Die auf Seite 15 beschriebenen technischen Grundlagen treffen hierbei in den wesentlichen Teilen genau so auf Sitzplätze zu. Stimmen die Verputzhöhen des Mauerwerkes? Geht es nämlich nicht tief genug schaut das Mauerwerk heraus. Wie sehen die Isolierungen gegen Feuchtigkeit aus? Werden Stützmauern gebraucht, um den Sitzplatz beispielsweise am Hang ausreichend groß bauen zu können oder lässt sich genug Erde auffüllen?

Neben diesen technischen Belangen sollte aber auch die Aufenthaltsqualität geprüft werden: Was liegt im Blickfeld? Sind Abschirmungen vorzusehen oder kann mit einer Lageveränderung des Platzes darauf reagiert werden? Ist der Schutz vor nachbarlichen Einblicken ausreichend? Ist es möglich, durch Bauliches oder Pflanzungen eine angenehme räumliche Situation herzustellen? Müssen zuerst einmal Provisorien dafür sorgen bis etwas gewachsen ist? All das muss registriert und im Plan sorgfältig notiert werden. Dann sollten Sie Gegebenheiten und Wünsche bewerten und abwägen.

Mit Pflöcken können Sie auch schon mal abstecken, welche Sitzplatzgröße und -form die örtlichen Verhältnisse zulassen und welche Voraussetzungen und

Konsequenzen der Vorarbeit daraus eventuell erwachsen. Die technischen Grundlagen im Abschnitt „Wegbreiten, Gefälle, Tragschichten“ und „Belagsränder gestalten“ gelten für Sitzplatzflächen in gleicher Weise und sollten unbedingt in die Planung einfließen. Mit all diesen Erkenntnissen und Einschätzungen können Sie praxisnah planen!

Kein Garten gleicht dem anderen und doch gibt es wiederkehrende, wenn auch variierende Standardsituationen. Die folgenden Beispiele sollen Ihnen bei der eigenen Planung behilflich sein und Ihnen verschiedene Möglichkeiten aufzeigen (Grundrissdarstellung).

1 **Sitzplätze dicht am Haus** *Der unmittelbar am Gartenausgang anschließende Sitzplatz ist der Normalfall, unabhängig von der Gartengröße. Die Nähe am Haus erlaubt flexible Nutzung. Schnell ist man draußen, kann sich bei Störungen aber auch leicht zurückziehen. Sind in die Gebäudefassade Winkel (linke Zeichnung) eingezogen oder Loggien vorhanden (rechte Zeichnung), ist eine geschützte Lage in vielen Fällen vorgegeben. Diese Voraussetzungen bedingen aber gleichermaßen eine Fixierung der verfügbaren Fläche. Der Garten ist nur von einer Seite erlebbar, die Blickrichtung ist immer die gleiche.*

2 **Sitzplätze vom Haus abgerückt** *Mitunter sind Situationen vorzufinden, die es sinnvoll erscheinen lassen, den Sitzplatz nicht unmittelbar am Ausgang in den Garten anzuschließen oder zum vorhandenen hausnahen einen etwas entfernter liegenden weiteren Sitzplatz anzulegen. Ansätze zu solchen Überlegungen ergeben sich, wenn das Gelände am Haus nicht die nötige Fläche bietet. Entfer-*

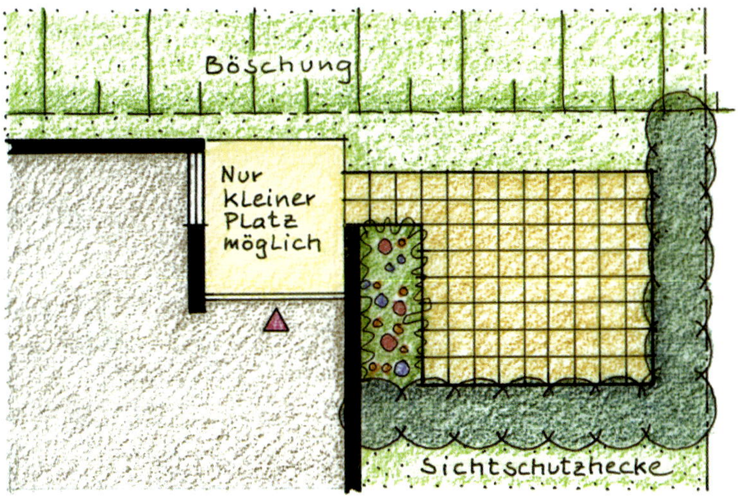

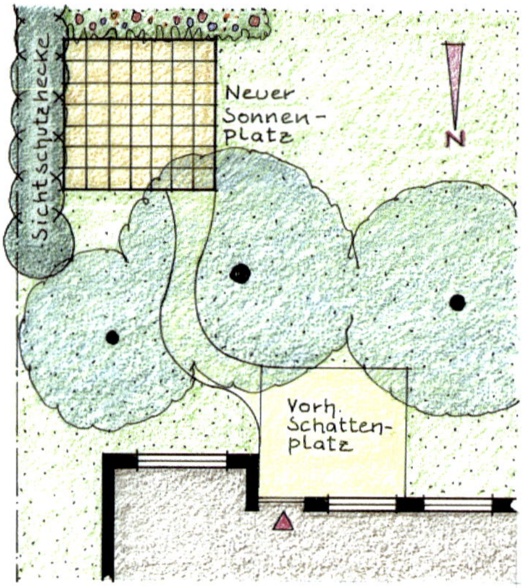

nungen zwischen Haus und Gartensitzplatz werden, wenn sie funktionell gut gestaltet sind, das heißt möglichst stufenlos und räumlich geschützt, gar nicht unbedingt als Nachteil wahrgenommen. Im Beispiel links waren die großen Bäume vorhanden und sollten auch stehen bleiben.

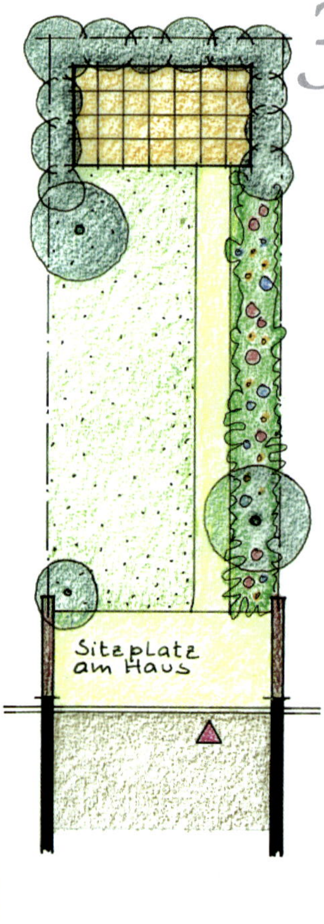

3 Sitzplätze weit in den Garten gerückt *Die Ausnutzung des verfügbaren Gartenraumes kann wesentlich gesteigert werden, wenn Sitzplätze möglichst weit vom Haus entfernt liegen. Selbst im Reihenhausgarten (links) ergibt der entgegengesetzte Sichtbezug zum Haus eine völlig neue Perspektive. Kleine Gärten gewinnen damit an räumlicher Tiefe. Zunächst kann auch eine Bank genügen, denn oft sind sie erst nach Jahren, wenn der Gehölzrahmen Schutz bietet, sinnvoll. Die Perspektive ist hier ganz anders als vom hausnahen Bereich aus, das kann sich auch in Verbindung mit einer differenzierten Pflanzung, einem Gartenteich oder auch nur als stiller Winkel darstellen und in einer Diagonallage kann Spannung liegen (oben). Die Verbindung zum Gebäude kann unscheinbar und untergeordnet verlaufen, oft genügt hier ein herausgemähter Grasweg, grasdurchwachsenes Pflaster oder Schrittplatten.*

4 **Mehrere Plätze in unterschiedlichen Entfernungen** *Lässt das Gartengrundstück eine solche Variabilität der Anordnung zu, können sich alle zuvor gezeigten Lageprinzipien optimal vereinigen. Es entstehen sowohl unterschiedliche Betrachtungen des Gartenraumes, als auch wechselnde Himmelsrichtungen mit der Auswahl von Sonne und Schatten, abgestimmt auf die Jahreszeiten. Selbstverständlich müssen nicht alle Plätze zur gleichen Zeit gebaut werden, zumal oft die raumbildende und schützende Randvegetation noch klein ist. Aber die Option sollte planerisch wahrgenommen werden.*

Sitzplätze im Hanggelände einpassen

Während die bisherigen Konzeptionsbeispiele auf ebenem Gelände, das gleich hoch am Haus anschließt, relativ freie Wählbarkeit zulassen, sieht das am Hang mitunter ganz anders aus.

Das Gelände kann sofort nach dem Haus steil ansteigen oder aber rasch abfallen. Eventuell kann es dann besser sein, Sitzplätze mit etwas Abstand zum Haus dort einzugliedern, wo sich eine größere ebene Fläche bietet. Auch das ist nicht immer realisierbar, manchmal muss die hausnahe Lage sogar völlig aufgegeben werden. Zusätzliche Schwierigkeiten ergeben sich gelegentlich auch mit hoch über dem Gelände liegenden Hausausgängen in den Garten. Das ist leider oft bei Häusern mit herausgehobenem Sockelgeschoss der Fall. So entstehen dann die nach drei Seiten abgeböschten „Maulwurfshügel" mit der Terrasse obendrauf. Die für eine Aufenthaltsqualität so wichtige räumliche Einbindung fehlt – man fühlt sich wie auf dem Präsentierteller. Wird ein Gehölzsichtschutz um die Terrasse gepflanzt, hat das eine unbefriedigende Einengung und Düsternis zur Folge und der restliche Garten wird optisch ausgesperrt. Um das zu vermeiden, sind kreative Gestaltungslösungen gefragt. Es gibt immer mehr Spielräume für eine gute Konzeption als man zunächst denkt. Je schwieriger die Verhältnisse, um so intensiver müssen Sie nachdenken und planerisch ausprobieren. Später so lange umzubauen, bis alles stimmt, ist mit höheren Kosten und Mehrarbeit verbunden.

▲ Auf einem solchen Sitzplatz fühlt man sich nicht allzu wohl.

▲ Die Hecke dicht an der Terrasse schafft Sichtschutz, engt aber ein und lässt alles dahinter düster erscheinen.

Dazu wieder einige prinzipielle Entwurfsbeispiele, diesmal jedoch nicht als reiner Grundriss, sondern in dreidimensionaler Ansichtsdarstellung, damit die topografischen Geländebesonderheiten anschaulicher werden.

1 Hoch gelegene Sitzplätze

Die Situation ergibt sich fast immer aus einem Gebäudeanschluss, der über dem ursprünglichen Gelände liegt, aber verbunden ist mit dem Wunsch nach einem Gartenausgang zum Sitzplatz ohne Höhendifferenzen. Um bei den zwangsläufig notwendigen Erdanschüttungen den zuvor erläuterten Präsentiertellereffekt (1) zu vermeiden, ist eine räumliche Fassung unverzichtbar. Das kann bei engen Verhältnissen eine den Sitzplatz teilweise umfassende niedrige Stützmauer mit Brüstung in Sitzhöhe sein (2), die zu einer gefühlsmäßigen Geborgenheit führt und durch die gestalterische Asymmetrie eine optisch befriedigende Gebäudeeinbindung zur Folge hat. Die Alternative bei einem großen Grundstück kann eine weit verzogene, weich ausgeformte Geländeauffüllung sein (3).

2

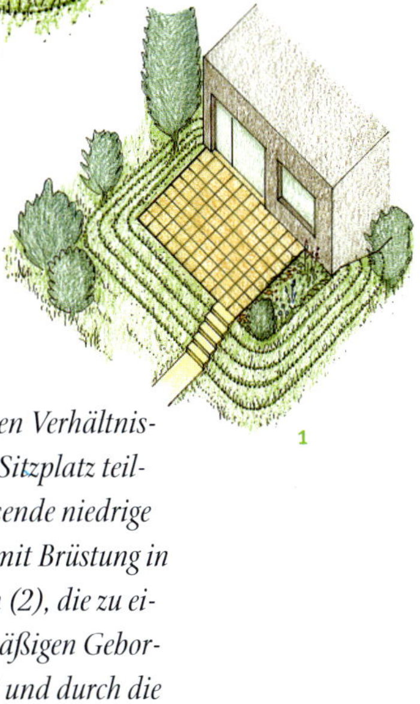

1

3

4

5

2 Tief liegende Sitzplätze

Wie bei den hoch gelegenen Sitzplätzen ist die Ausgangslage vorwiegend der Höhenunterschied zwischen Gebäudeanschluss und vorhandenem Gelände. Aber es besteht nicht die Möglichkeit einer stufenlosen Geländeangleichung am Gebäude, meist aus Mangel an ausreichender Fläche zur Erdanfüllung. Mitunter zwingen die Geländeverhältnisse auch dazu, den Sitzplatz direkt am Haus nur kleinflächig anzulegen, dafür steht aber etwas tiefer mehr Fläche zur Verfügung (4). Diese Situation trifft auch auf Balkone zu, von denen eine Treppe in den Garten führt (5). Dort bietet sich auf ursprünglichem Geländeniveau ein geräumiger heckengeschützter Sitzplatz. Natürlich sind das alles keine optimalen Voraussetzungen. Man muss jedoch versuchen, das Beste daraus zu machen.

3 Mehrere Plätze auf verschiedenen Geländeebenen *Gut gebaute Häuser am Hang haben auch viele Ausgänge in den Garten, die entsprechend der Gebäudeebene unterschiedlich hoch ausfallen können. Das eröffnet Chancen für Sitzplätze in differenzierten Höhenlagen. Im Zusammenspiel mit Treppen und Mauern lassen sich so Ebenen aus dem Hang herausarbeiten. Auch wenn das nicht gerade billig ist, lohnt sich in vielen Fällen der Aufwand, schon wegen der besseren Zugänglichkeit solcher Terrassen für die Pflanzenpflege. Bei dem Beispiel dieses Reiheneckhauses sind der Sitzplatz vor dem Erdgeschoss oben und das 2,70 m tiefer liegende Gartengeschoss über die Gebäudeecke durch niedrig gestaffelte Mauerterrassen und integrierte Stufen verbunden. So kann sich ein weiterer kleiner Platz auf mittlerer Höhe einfügen, der gleichzeitig ein guter Aussichtspunkt ist.*

Kapitel 3

Belagsmaterialien für Wege und Sitzplätze

- 1. Schritt: Belagsmaterialien kennen lernen
- 2. Schritt: Belagsmaterialien auswählen

1. Schritt: Belagsmaterialien kennen lernen

Nachdem Sie sich nun über die Wege- und Sitzplatzgestaltung planerisch klar geworden sind sowie die richtige Lage im Gelände ausgewählt und aufgezeichnet haben, muss entschieden werden, welche Beläge zur Ausführung kommen.

▲ Betonsteine einer Musterfläche im Baumarkt.

▲ Natursteinplatten aus Gneis mit bruchrau gespaltener Oberfläche. Die rechteckig gesägten Platten wirken trotzdem „natürlich“.

■ Harte Beläge mit engen Fugen

Bereits während der Ideensuche und des Entwerfens haben die Belagsmaterialien eine Rolle gespielt – nun müssen die Gedanken konkretisiert werden.

Die beiden bisher planerisch getrennt behandelten Themen Wege und Sitzplätze lassen sich nun wieder zusammenführen, denn für beides sind prinzipiell die gleichen Materialien für Bodenbeläge verwendbar. Allerdings sind Wege und Sitzplätze oft einer unterschiedlichen Beanspruchung ausgesetzt, so dass die endgültige Auswahl nach verschiedenen Kriterien verläuft.

Zunächst soll gezeigt werden, welche Kategorien es gibt und wodurch sich die Belagsarten unterscheiden. Im Rahmen dieses Buches kann aber nicht jedes Produkt vorgestellt werden, zumal der Markt ständig Neues vielmehr ein bestimmtes begriffliches Grundwissen, das ein sicheres Planen erlaubt. Die Baustoffhändler bieten oft vielfältige Musterflächen an, die während der Planung begutachtet werden können. Steinstruktur und Farbe lassen sich so am besten vergleichen und dazu natürlich auch der Preis.

Die entsprechende Auswahl nach funktionalen und gestalterischen Kriterien wird im nächsten Schritt vorgenommen.

Die Belagskategorie „Harte Beläge mit Fugen” bietet die meisten Möglichkeiten. Platten und Pflastersteine aus Naturstein, Beton, gebranntem Ton oder Holzflächen zählen dazu.

Natursteine gelten als das wertvollste, aber auch teuerste Belagsmaterial. Ein vielfältiges Sortiment steht zur Verfügung und viele inländische und ausländische Gesteinsarten sind im Handel. Haltbarkeit und Frostbeständigkeit schränken die Verwendung im Freien allerdings teilweise ein. Als härtestes Material gelten Urgesteine wie Granit, Porphyr, Gneis und Quarzit. Die Farbpalette reicht von Weißgrau über Rotgrau und alle

Grauschattierungen, eingeschlossen einem grünlichen Ton. Bei Porphyr dominiert der braunrote Farbton.

Sedimentgesteine wie Muschelkalk, Travertin, Sandsteine oder Grauwacke sind durch Schichtungen gekennzeichnet. Muschelkalk ist grau bis bläulich oder auch gelblich, Travertin mehr gelbbraun. Beide sind gegen normale Witterungseinflüsse unempfindlich. Die Farben von Sandstein reichen von hellgelb über gelbgrün bis rotbraun und grau. Die Widerstandsfähigkeit gegen Zerfall ist bei diesem Stein vom Bindemittel abhängig. Am dauerhaftesten sind mit Kieselsäure verkittete Sandsteine. Eine stark poröse Struktur kann durch hohe Wasseraufnahme auch im Winter zu Frostschäden führen.

Natursteinplatten werden glatt gesägt oder rau gespalten, als regelmäßig gesäumte Formate beispielsweise quadratisch oder rechteckig sowie in unregelmäßigen, das heißt polygonalen Formaten gehandelt. Die regelmäßigen Formate können fertig zugerichtet in Längen von etwa 30–80 cm oder als „Bahnen", das heißt in festen Breiten, aber unterschiedlichen Längen bezogen werden. Polygonale

▲ Natursteinplatten aus Granit. Die allseits gesägten Platten ergeben einen präzise gefügten Belag.

▲ Unregelmäßige Natursteinplatten aus grauem Sandstein, bruchrau gespalten (heute wird Sandstein nur noch gesägt).

▲ Betonplatten werden in verschiedenen Farben und Formen gehandelt. Durch die aufgepresste farbige Schicht aus Natursteinsplitt ist vom Beton nichts mehr zu erkennen.

Platten werden grundsätzlich an Ort und Stelle zugerichtet. Der „Verschlag" ist mit etwa 20–30 % bei der Materialbestellung zu berücksichtigen. Es ist selbst bei günstigen Einkaufspreisen des Materials jedoch die lohnintensivste Verlegeart. Die Plattengrößen aller Formate sollten nicht unter etwa 40 × 40 cm liegen, um eine feste Lage zu gewährleisten. Die Plattendicke beträgt in der Regel 4–6 cm für Verlegung im Sandbett.

Betonplatten werden in vielen Ausführungen und unterschiedlichen Formen, Farben und Oberflächen angeboten.

Sie sind billiger als Naturstein, das Material bei guter Qualität nahezu unbegrenzt haltbar. Es überwiegen regelmäßige, quadratische oder rechteckige Formate. Sechseckige oder runde Platten ergeben neben oft ornamentaler Aufdringlichkeit auch Probleme an Anschlüssen und Rändern. Regelgrößen sind 40 × 40 cm und 40 × 60 cm oder 50 × 50 cm. Die Plattendicke beträgt 5 cm. Die Flächen sollten ebenflächig und ausreichend griffig sein. Neben der normalen Betonfarbe, die durch Bearbeitungstechniken verschönert werden kann, sind zahlreiche Oberflächenvorsätze

▲ Betonplatten mit mittelgrauem Granitvorsatz in Streifen verlegt mit Zwischengliedern aus weißgrauem Granitkleinpflaster.

▲ Natursteinpflaster aus grauem Granit in Reihen verlegt zeigt bereits die üblichen Maßtoleranzen der gespaltenen Steine durch unterschiedlich breite Fugen.

◀ Natursteinpflaster aus braunrotem Porphyr, in Bögen verlegt. Durch diese Verlegeart entsteht eine stabile Decke.

aus Natursteinsplitt im Handel. Das sind meist zweischichtige Platten, auf deren Oberfläche ein mindestens 1 cm dicker Vorsatzbeton aufgepresst wird. Herstellbar sind alle Natursteinfarben, meist als griffige Splittoberfläche. Mit Auswaschungen oder Aufrauungstechniken kann zusätzlich strukturiert werden. Die Vorsätze sind sehr farbbeständig. Einfärbungen dagegen bleichen mit der Zeit unter Witterungseinwirkungen aus.

Pflastersteine aus Naturstein ergeben immer kleinformatige, fugenreiche Beläge. Nahezu alle geometrischen oder freien Flächenformen sind herstellbar. Natursteinpflasterungen gehören zu den teuersten Belägen. Natürliche Hartgesteine wie Granit, Porphyr, Melaphyr oder Basalt sind das Ausgangsmaterial. Kalksteine oder Sandsteine werden nur in Ausnahmefällen verwendet. Die normale Pflastersteinform ist der Würfel mit allseits gebrochenen Kanten, also etwas unregelmäßig. Es werden drei Regelgrößen gehandelt: Mosaikpflastersteine mit 4–6 cm, Kleinpflastersteine mit 8–10 cm und Großpflastersteine mit einer Kantenlänge von 12–16 cm. Die Farbpalette reicht von Weißgrau über alle Graustufen bis Dunkelgrau und rötlich bei Graniten. Porphyr ist meist violettbraun bis grau-rötlich, Basalt tiefschwarz, Melaphyr rotbraun oder grüngrau. Die Haltbarkeit dieser Hartgesteine ist nahezu unbegrenzt.

Pflaster aus Beton ist eine billigere Alternative zum teureren Natursteinpflaster. Durch die maschinelle Steinherstellung ergeben sich immer technisch exakte Belagsflächen und alle Steine sind maßgenau. Trotz mancher Betonprodukte mit abgerundeten und variablen Kanten besteht zum unregelmäßigen Flächenbild des Natursteinpflasters aber immer ein deutlicher Unterschied. Neben den quadratischen und rechteckigen Formaten mit genormten Abmessungen werden auch abgerundete Formen und unzählige Sonderformen angeboten. Die genormten Abmessungen bewegen sich zwischen 6 × 6 × 6 cm und 16 × 16 × 14 cm bei den Quadratformen, sowie zwischen 10 × 20 × 10 cm und 16 × 24 × 14 cm bei rechteckigen Steinen. Betonpflaster gibt es sowohl mit gebrochenen Kanten als auch scharfkantig. Neben den normalen Betonfarben werden, wie bei den Betonplatten, auch Oberflächenvergütungen mit Natursteinvorsätzen sowie behandelten Oberflächen – in der Regel ausgewaschen oder sandgestrahlt – angeboten. Für Einfärbungen gelten die gleichen Kriterien wie bei Betonplatten. Betonpflasterungen sind durch die raue Oberfläche sehr gehsicher. Das Material ist frostbeständig und von hoher Druckfestigkeit.

Als **Klinker** werden bis zur Sinterung hart gebrannte Vollziegel aus Tonerde bezeichnet. Die Normformate sind rechteckig in den Größen 24 x 11 cm und 20 × 10 cm. Solche Steine werden scharfkantig oder mit gebrochenen Kanten hergestellt. Die Mindestdicke beträgt 4 cm. Darüber hinaus werden zahlreiche Sonderformate, wie Verbundsteine oder quadratische Kleinsteine, beispielsweise 5 × 5 × 5 cm, aber auch plattenähnliche Formate 30 × 30 cm groß gehandelt. Natürliche Färbungen reichen von Gelb über Rot bis Dunkelbraun mit allen Zwischenstufen und Schattierungen. Sehr wichtig ist die frostbeständige Qualität. Dichte und Härte des Materials sind von hohen Brenntemperaturen abhängig. Die Wasseraufnahme darf sechs Gewichtsprozente nicht überschreiten, sonst ist die Frostbeständigkeit gefährdet. Es kann sowohl flach als auch hochkant gestellt (Rollschicht) verlegt werden. Mit geschicktem Wechselspiel lassen sich variationsreiche Belagsstrukturen aus dem gleichen Material entwickeln. Außerdem sind Kombinationen mit anderen Materialien, vor allem Platten reizvoll. Griffigkeit und Ebenflächigkeit sind gut.

Pflasterungen aus Holz bestehen aus quadratisch oder rechteckig geschnittenen, vorwiegend aber rund belassenen Holzklötzen von 10–15 cm Höhe und Breiten von 8–30 cm. Das Material muss tief reichend gegen Fäulnis imprägniert sein.

▲ Betonpflaster ergibt durch maschinelle Herstellung maßgenauer Steine auch gleich bleibende Oberflächen mit präzisen Fugen.

▲ Betonpflaster, nachbehandelt mit einer aufrauenden Oberflächenbehandlung. Trotz Einsatz unterschiedlicher Steingrößen ergibt sich eine einheitliche Wirkung.

▲ Klinkerpflaster aus hart gebranntem Ton. In Kombination mit anderen Materialien, hier graues Granitpflaster, sind Gliederungen und Detailformen möglich.

Das Hirnholz ist stets die Belagsoberseite, so dass die Jahresringe im Blickfeld liegen. Überwiegend verwendete Holzarten sind Eiche oder Kiefer. Je nach Imprägnierung ist das Holz grünlich bis braun. Die Haltbarkeit ist trotz chemischem Holzschutz begrenzt.

Holzroste können aus meist quadratischen Brettfliesen oder einzelnen langen Brettern hergestellt werden. Das Material, meist Kiefer, Lärche aber auch Fichte muss ebenfalls gegen Fäulnis imprägniert sein. Kennzeichnend für derartige Beläge ist, dass ihre Montage abgehoben vom Erdboden erfolgen muss, damit die Rückseite stets abtrocknen kann. Im Handel sind fertige Holzfliesen in den Maßen 120 × 60 cm, 60 × 60 cm oder 100 × 50 cm und 50 × 50 cm. Es können aber auch Holzdecks aus durchgängigen langen Brettern montiert werden. Das wirkt großzügig. Allerdings ist hier mit Schwind- und Trocknungsrissen zu rechnen. Güteklasse I, das heißt Bauschnittholz mit besonders hoher Tragfähigkeit sollte stets gewählt werden. Gesunde Äste, wenig Holzgallen, kaum Risse und möglichst kein Bläuepilzebefall sind weitere Merkmale für gute Holzqualität.

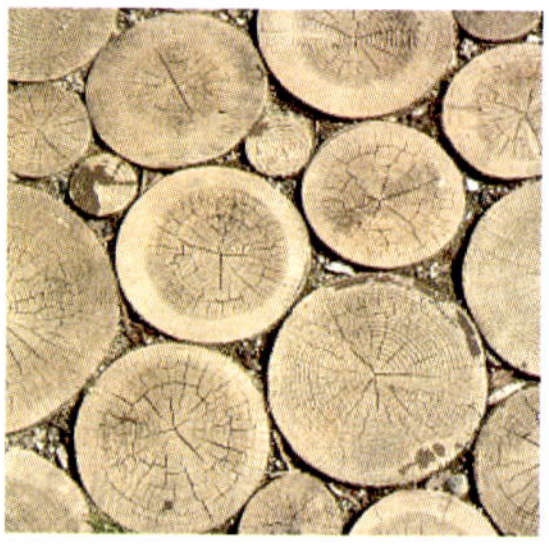

▲ Holzpflaster, hier aus Rundholz, hat eine sehr „naturnahe“ Wirkung.

▲ Holzroste müssen immer vom Boden abgehoben montiert sein, damit die Luft zirkulieren kann.

▲ Pflaster mit Grasfugen. Der Unterschied zwischen Belägen mit engen und mit grünen Fugen wird auf diesem Bild deutlich.

Keramikmaterial würde sicher mancher gerne in seinem Garten verwenden, denn diese schönen farbigen Mosaikböden mediterraner Länder haben ihren besonderen Reiz. Leider hält jedoch das keramische Material unseren Wintern nicht stand. Feuchtigkeit durchdringt die vielen Mörtelfugen und das Mörtelbett, das für einen sicheren Halt der meist kleinen Steine unverzichtbar ist. Da das Ganze auf einer absolut starren Betonschicht verlegt werden muss, kann dieses Sickerwasser nicht in den Untergrund abfließen, sondern es staut sich unter dem Keramikbelag. Der winterliche Frost hebt den Belag an, der dann auseinander fällt.

■ Harte Beläge mit grünen Fugen

Naturstein- oder Betonpflaster mit Grasfugen erreicht man durch das Auseinanderrücken der Einzelsteine. Auf diese einfache Weise kommt es zu einer zusätzlichen Begrünung der Fugen in den Belagsflächen. Für das Hauptmaterial Pflaster gilt die oben besprochene Materialbeschreibung. Lediglich die Steingrößen dürfen nicht unter 10 cm Kantenlänge liegen, denn die Grasfugen sind in der Regel 3 cm breit, da geraten kleinere Pflastersteine bei Belastung leicht in eine unstabile Lage. Am besten sind Steinformate von etwa 16×16 cm. Mit Abstandshaltern aus Kunststoff oder Holz bei Betonsteinen lassen sich gleichmäßige Fugen erzielen und die Steine liegen sofort fest. Es gibt auch Produkte mit angeformten Abstandsnoppen. Eine variable Anordnung der Fugenbreiten ohne Abstandshalter erlaubt dagegen eine wechselnd breite Durchgrünung. Damit bietet sich ein bewusst einsetzbares Gestaltungsmittel an. Die Fugen erhalten eine mit Sand vermischte feinkrümelige Oberbodenverfüllung und anschließende Graseinsaat.

Bei **Rasengitterplatten** handelt es sich um Betonplatten in Größen von etwa 40x60x10 cm mit mehr oder weniger großen Perforationen, die mit Erde gefüllt und mit Gras eingesät werden. Inzwischen gibt es solche Platten auch aus Recycling-Kunststoff mit Sechseckwaben.

Rasenklinker eignet sich im Hausgarten oft besser als Rasengitterplatten. Es handelt sich hierbei um Hartbrandklinker mit vielen kleinen Löchern. Stein und Grün verschmelzen bei diesem Belag zu einem feinstrukturierten Bild. Der braunrote Farbton passt sehr gut zum Ton des Bodens. Die Steingrößen entsprechen den auf Seite 55 besprochenen Klinkern. Auch bei diesem Material ist die Beständigkeit gegen Frost gewährleistet.

Fugenlose harte Beläge sind Ortbeton und Bitumenflächen. Ortbeton bedeutet, dass Frischbeton als Belagsfläche eingebaut wird und in seiner endgültigen Lage erhärtet. Es entsteht ein Belag, wie Sie ihn von Autobahnen kennen. Bitumen gebundene Beläge kennen Sie von Straßen. Das Material wird heiß eingebaut und gewalzt. Beide Produkte sind für den kleinen Garten wegen des technischen Aufwandes und Witterungsabhängigkeit bei der Herstellung ungeeignet.

▲ Rasengitterplatten aus Beton mit kleinen Erdkammern sind gut zum Gehen und Befahren geeignet.

▲ Rasengitterwaben aus Recycling-Kunststoff mit schmalen Stegen. Es fehlt noch die Raseneinsaat.

▲ Rasenklinker mit feiner Perforation ergeben eine gleichmäßige Stein-Gras-Struktur.

▲ Rasen ist gut begehbar, wenn die Bodenverhältnisse stimmen und regelmäßig gemäht wird. Man kann auch eine Wiese wachsen lassen und die Wege gezielt herausmähen.

▲ Schotterrasen: Rasengräser und Schottersteine bilden eine stabile Fläche.

Weiche, wasserdurchlässige Beläge

Bei diesem Material spielt die vorgegebene Wegeführung keine Rolle – alles ist möglich! Der Pflegeaufwand ist zwar, vor allem beim Rasen, etwas höher, dafür beeindruckt der günstige Preis.

Rasen ist die einzige begehbare Vegetationsdecke. Voraussetzung dafür ist ein nicht zu weicher Boden, der auch durch eine gute Drainage erreicht werden kann. Durch regelmäßiges, häufiges Mähen wird die Grasnarbe kurz und dicht und damit trittfest und belastbar.

Ist der Boden weich und nachgiebig, bietet sich auch eine Lösung als **Schotterrasen** an. Zu diesem Zweck wird ein hohlraumarmes Gemisch aus etwa 75 % Schotter und etwa 25 % Oberboden zirka 15 cm dick aufgebracht und mit Rasen angesät. Die Rasengräser wurzeln zwischen den Schottersteinen, die als festes Gerüst die Belastung aufnehmen. Schotterrasen schafft, ähnlich wie der Magerrasen, eine widerstandsfähige und dauerhafte Begrünung beanspruchter Flächen.

Streudecken aus Kies oder Splitt zählen zu den Belags-

▲ Streudecken aus Kies oder Splitt ergeben eine feinkörnige, sickerfähige Belagsstruktur. Hier bestimmt heller Kalksteinsplitt die Wegfarbe.

decken ohne Bindemittel und sind einfach und billig herzustellen. Auf die Tragschicht aus Schotter wird die Deckschicht aufgestreut und unter Wasserzugabe festgewalzt.

Solche Decken bestehen aus einem Kies-Sand-Gemisch 0/8 mm oder einem Splitt-Sand-Gemisch 0/11 mm. Die Schichtstärke beträgt 2 cm im verdichteten Zustand. Quarzkies kann als Rundkorn (Flusskies) und gebrochen verwendet werden. Als Splittmaterial werden vorwiegend Kalkstein, Lava oder Granit eingebaut. Je nach Deckmaterial sind bewusste Farbgebungen der Flächen möglich.

Für **Rindenmulch** gilt bezüglich des Unterbaues das Gleiche wie für Kies oder Splitt. Lediglich die Deckschicht besteht aus grob zerkleinerter Baumrinde. Mit dieser Deckschicht wird ein brauner, weicher und leicht federnder Belag hergestellt. Allerdings verwandelt sich das organische Mittel allmählich zu Humus, so dass solche Beläge bei nassem Wetter matschig werden und die sich allmählich zersetzende Decke erneuert werden muss. Geben Sie den Rindenmulch ohne vorherige Tragschicht direkt auf den planierten Erdboden, sind die Beläge allerdings bald unbrauchbar.

▼ Rindenmulch bildet eine weiche, leicht federnde Wegdecke. Leider wird allmählich Humus daraus.

▼ Streudecken-Weg aus grauem Splitt. Die Wegbreite varriert entsprechend der Bepflanzung.

2. Schritt: Belagsmaterialien auswählen

Bei der Materialauswahl ist zunächst die Funktion von Bedeutung, genau so wichtig ist aber das äußere Erscheinungsbild. Neben Haltbarkeit, Pflegeleichtigkeit und Langzeitverhalten müssen Material, Form und Farbe zur Gestaltungsart des Gartens passen.

Nach diesen Kriterien ergibt sich folgende Übersicht:

Plattenflächen

- **Natursteinplatten**
- **Betonplatten**

Empfehlung
Platten sollten möglichst nur für Gehflächen ohne Fahrverkehr verwendet werden. Die Oberflächen sollten dabei leicht rau sein. Für Sitzplätze sollten Sie ebenflächige Platten mit wenigen Fugen bevorzugen. Ob Natur- oder Betonstein – das ist auch eine finanzielle Frage.

- **Vorteile** Platten sind grundsätzlich geeignet für alle Wege. Sie wirken stets großzügig und weitflächig wegen der wenigen Fugen. Aus diesem Grund sind sie auch besonders ebenflächig und am besten für Sitzplätze zu verwenden.
  Raue Oberflächen bewirken gute Gehsicherheit. Bei Naturstein sind alle Urgesteine wie Granit, Porphyr, Gneis am stabilsten gegenüber Belastung. Befahrbar allerdings auch nur bei dicken Querschnitten (8–12 cm je nach Material). Urgesteine weisen ein dichtes Gefüge auf, deshalb ist auch die Verschmutzung durch Staubablagerungen gering. Auch Moose und Algen siedeln sich kaum an, weil die Wasserspeicherung gering ist. Bei Betonplatten erfüllt die angebotene Palette der Oberflächen in Farbe und Struktur alle Wünsche. Erfordernisse an die Haltbarkeit sind gewährleistet. Befahrbare Plattenwege müssen auch hier dickere Querschnitte aufweisen beziehungsweise mit Stahl armiert sein. Für Sitzplätze sind beim Material Naturstein gesägte Platten für die Möbelaufstellung günstig. Die Möbel wackeln nicht im Vergleich zum spaltrauen Material.
- **Nachteile** Zu glatte Oberflächen sind zu vermeiden, sonst besteht bei Nässe und Eisglätte Unfallgefahr. Je rauer eine Platte, desto sicherer das Gehen, aber um so schneller auch die Verschmutzung durch Staub, Pflanzen- und Erdreste. Platten aus Sandstein und Kalkstein sind auch bei dicken Querschnitten nicht zu befahren, weil das Material zu brüchig ist. Sandstein neigt an beschatteten und feuchten Stellen zu schneller Moos- und Algenansiedlung mit der Folge erhöhter Rutschgefahr. Vermeiden sollten Sie zu helle Beläge wegen der Blendung bei Sonne und deutlich sichtbarer Verschmutzung. Kontinuierliche Gefällewechsel sind wegen der Größe der Einzelplatten schwierig herzustellen.

Pflastersteine und Klinker mit engen Fugen

- **Natursteinpflaster**
- **Betonpflaster**
- **Klinkerpflaster**

Empfehlung
Für Fahrwege oder Kombinationen mit Gehflächen verwendbar. Natursteinpflaster sind für Sitzplätze oft zu uneben. Wege aus Pflaster und Sitzplätze aus Platten sind eine gute Gestaltungskombination. Ob Naturstein- oder Betonpflaster entscheidet auch die finanzielle Situation. Klinkerpflaster in angenehmen Farbtönen bietet sich als gestalterischer und finanzieller Mittelweg an.

- **Vorteile** Sie eignen sich besonders gut für Wege, die auch befahren werden sollen, denn die Vielfugigkeit sorgt für eine bessere Druckverteilung. Spätere Setzungen oder Hebungen verlaufen kontinuierlicher als bei Platten. Gefällewechsel sind leichter zu gestalten, ebenso sind alle Wege- und Sitzplatzformen möglich, da die Ränder mehr oder weniger feingezackt der Weglinie folgen (s. Seite 119). Bei Sitzplätzen lassen sich auch grafisch interessante Kombinationen von Platten und Pflasterflächen herstellen. Die Oberflächenstruktur von Pflastersteinen ist lebhafter und variationsreicher, besonders bei Naturstein. Je kleiner das Steinformat um so filigraner das Fugenbild. Natursteinpflaster sieht am längsten „frisch" aus.
- **Nachteile** Natursteinpflaster ist mehr oder weniger rau, Betonpflaster und Klinker etwas glatter aber immer noch unebener als Platten. Deshalb sind sie nur eingeschränkt für Sitzplätze verwendbar. Vor allem wenn Sie Materialien zu stark mischen oder Pflaster zu sehr kombinieren leidet möglicherweise die sichere Begehbarkeit und es entsteht optische Unruhe. Die Vielfugigkeit fördert die „Begrünung" der Flächen, was einen erhöhten Pflegeaufwand zur Folge hat. Außerdem können sich in Schattenzonen Moosfugen bilden und über die Steinflächen ausbreiten, da kann es leicht rutschig werden. Im Vergleich zu Platten müssen die Wegränder in der Regel zusätzlich stabilisiert werden (s. Seite 19).

Holzpflaster und Holzröste

- **Holzfliesen**
- **Holzdecks**
- **Rundholzpflaster**

Empfehlung
Nicht für den ganzen Garten planen, allenfalls für kleine hausnahe und besonders zu gestaltende Flächen.

- **Vorteile** Holzbeläge werden durch ihre „naturnahe" Ausstrahlung im Garten sehr geschätzt. Sie lassen sich leichter als Stein bearbeiten und passen gut in eine grüne Umgebung. Das gilt sowohl für Holzpflaster als auch für Holzroste. Vor allem Holzdecks eignen sich gut für Sitzplätze, die frei über dem Gelände „schweben", beispielsweise weit hinaus über abfallende Böschungen oder stegartig über Wasserflächen. So etwas geht nicht mit Platten oder Pflaster.
- **Nachteile** Holz ist trotz Imprägnierung ein vergänglicher Baustoff, der mit der Zeit zerfällt. Spätestens nach 20 Jahren haben die Moderfäulepilze die Beläge vor allem im Erde-Luft-Grenzbereich zersetzt. Zum Befahren eignet sich Holzpflaster weniger gut. Bei Nässe besteht an dauerfeuchten Stellen im Schatten erhebliche Rutschgefahr. Holzfliesen oder Holzdecks eignen sich für Wege nicht, weil die Holzflächen stets über dem Gelände liegen und eine Höhenstufe entsteht. Die ungleich breiten Fugen des Rundholzpflasters sind für Sitzplätze zur sicheren Möbelaufstellung ungünstig.

Grüne Steinbeläge aus Pflastersteinen und Gitterplatten

Empfehlung
Nur für Wege, die Rasenflächen nicht zu sehr abgrenzen sollen oder große Flächen, die nicht öde und trist erscheinen sollen. Natürlich auch, wenn eine Mischung aus Stein und Vegetation ausdrücklich erwünscht ist.

- **Vorteile** Bautechnisch sind sowohl Wege zum Gehen und Befahren als auch Sitzplätze damit herstellbar. Das grüne Linienspiel sorgt dafür, dass Steinflächen und Vegetation etwas ineinander laufen und so eine krasse Trennung gemildert wird. Durch einfaches Übermähen wird der Bewuchs, meist Gras, es können aber auch Kräuter sein, niedrig gehalten. Generell sind Gitterplatten im Garten nur für größere Fahrflächen oder Stellplätze, die kleiner erscheinen sollen, vorzusehen. Bei Rasenklinkern werden nicht nur die Fugen, sondern durch die feine Perforation auch die Flächen grün.
- **Nachteile** Bei ständiger Möblierung am gleichen Platz, verdorrt an diesen Stellen durch die fehlende Feuchtigkeit das Gras. In solchen Fällen ist dort ein Wechsel von dichteren, grasfreien Fugen im Möbelbereich und begrünten Fugen auf den freien Flächen empfehlenswert. Das Gleiche gilt für überdachte Sitzplätze. Bei Rasengitterplatten aus Beton eignen sich nur die Fabrikate mit glatten Oberflächen und möglichst vielen kleinen Einsaatkammern. Weniger große ergeben polsterartigen Graswuchs mit der Folge eingeschränkter Begehbarkeit und schlechter Möbelaufstellung. Aus Samen entstehende Gehölze müssen frühzeitig ausgerissen werden, sonst verschiebt sich durch das Dickenwachstum von Wurzeln und Stammansatz das Belagsgefüge. Rasengitterplatten aus Kunststoff sind wegen der schmalen Stege für Sitzplätze nicht geeignet.

Rasen

Empfehlung
Rasen ist nur geeignet, wenn nicht immer die gleichen Stellen betreten werden.

- **Vorteile** Als Gehbelag geeignet, wenn keine sichtbare „Erschließungsstruktur“ erkennbar sein soll, dafür möglichst viel Grün. Rasen kann in jeder Richtung begangen werden, wenn regelmäßig kurz gemäht wird.
- **Nachteile** Durch häufiges Mähen entsteht ein erhöhter Pflegeaufwand. Als Gehbelag ist Rasen nur sinnvoll, wenn der Boden nicht zu lehmig oder sumpfig ist, sonst entsteht Bodenverdichtung und das Gras stirbt ab. Die Neuanlage ist allerdings erst nutzbar, wenn sich eine stabile Gräserdecke gebildet hat, also nichts für Hauszugänge oder Garageneinfahrten, die sofort gebraucht werden.

Schotterrasen

Empfehlung
Schotterrasen ist eine kostengünstige Alternative, sollte aber nur für Fahrflächen geplant werden.

- **Vorteile** Rasengräser wurzeln zwischen Schottersteinen und ertragen so eine höhere Belastung als unbefestigter Rasen. Für Fahrflächen deshalb sehr gut geeignet. Die Ränder sind kaum sichtbar. Geringer Pflegeaufwand, da nur einmal im Jahr gemäht werden sollte und nur selten gewässert werden muss.
- **Nachteile** Zum Gehen etwas zu steinig. Gartenmöbel brauchen dicke Möbelfüße oder Kufen. Unter Möbeln, Dachvorsprüngen und anderen dauertrockenen Stellen kann das Gras dürr werden, wenn nicht künstlich bewässert wird. Oft wird auch der Schotterrasen falsch hergestellt, indem auf eine Schottertragschicht 10 cm dicht Oberboden mit Rasenansaat aufgetragen wird. Die Belastbarkeit ist reduziert. Reifenspuren drücken sich auch später ein. Die Begehbarkeit ist anfangs eingeschränkt. Besser ist die gleichmäßige Vermischung von Schotter und Oberboden. Natürlich bleiben Steine oberflächlich dabei sichtbar (siehe Foto), aber es entsteht ein durchgängiges stabiles Steingerüst.

Streudecken aus Kies, Splitt oder Rindenmulch

Empfehlung
Wenn Sie „naturnahe" Beläge wollen und etwas mehr Aufwand für die Pflege in Kauf nehmen als es ein Platten- oder Pflasterbelag verlangt, kann dazu geraten werden. Für dauerhafte Beläge ist Rindenmulch schlecht geeignet, denn es entsteht keine feste Belagsdecke wie bei Kies oder Splitt.

- **Vorteile** Sie sehen „naturnah" aus und können jede Farbe und Struktur, entsprechend dem Streumaterial, erhalten. Wege und Plätze sind gleichermaßen herstellbar. Die begehbare Fläche sollte aber immer relativ fest sein, sonst ist das Laufen durch Kies oder Rinde sehr unangenehm. Beim Rindenmulch ist bei starker Sonneneinstrahlung ein intensiver Holzgeruch spürbar. Vorteilhaft ist, dass verschiedene unfermentierte Inhaltsstoffe der Rinde, wie Gerbsäure und Harze, das Keimen und Wachsen von „Unkräutern" hemmen.
- **Nachteile** Unter Dach- und Balkonüberstände, also an sehr trockenen Plätzen, kann es staubig werden. Ohne den Belag zu schädigen ist ein Kehren kaum möglich. An starken Geländeneigungen können Auswaschungen eintreten, die dann ständig auszubessern sind. Auch bewachsen sich die Flächen überall dort, wo kein Begehen oder Befahren stattfindet. Wenn keine feste Kante gebaut wird, entstehen ausgefranste Belagsränder, die Haltbarkeit ist aber nicht eingeschränkt.

Kapitel 4

Den Kostenrahmen abschätzen

- 1. Schritt: Kostengrundlagen ermitteln
- 2. Schritt: Baukosten berechnen

1. Schritt: Kostengrundlagen ermitteln

Jeder, der etwas bauen will, möchte vorher wissen, was es kosten wird. Nur so kann abgewogen werden, welche Materialien in Frage kommen und was zu teuer ist.

Grundlage

- Grundlage jeder Berechnung sind die Flächenmaße, also Länge x Breite = Quadratmeter (m^2), bei anderen geometrischen Formen wie beispielsweise für Kreis, Dreieck, Trapez die jeweiligen Berechnungsformeln. Für Erdaushub der künftigen Flächen gilt Länge x Breite x Aushubtiefe = Kubikmeter (m^3).

Nachdem Sie die für Ihre Situation passende Planung entwickelt haben, verfügen Sie über eine sichere Grundlage, um die Herstellungskosten zuverlässig zu veranschlagen. Da für Wege und Sitzplätze prinzipiell die gleichen Materialien verwendbar sind, gelten die angeführten Preise jeweils für Beides.

Zunächst müssen die **Mengen ermittelt** werden. Dabei sind die Flächenformen leicht aus dem Plan ablesbar. Kommen Randeinfassungen hinzu, werden diese nach dem laufenden Meter (lfm) herausgemessen. Alle folgenden Materialpreise und Arbeitsleistungen beziehen sich auf diese drei Größenordnungen: m^2, lfm, m^3, wobei die m^3 Erdbewegung in die m^2 der Tragschicht umgerechnet sind, denn das ist verständlicher darstellbar (s. Kasten auf Seite 68).

Als nächstes müssen die Baukosten erfragt werden. Eine Differenzierung zwischen „echten" und „unechten" Kosten verdeutlicht den Unterschied zwischen den entstehenden Kosten bei Eigenleistung und bei Beauftragung einer Firma.

„Echte" Kosten: Wenn Sie Wege oder Sitzplätze nicht selbst bauen, fordern Sie zwei oder drei qualifizierte Firmen des Garten-und Landschaftsbaues aus Ihrer näheren Umgebung zur Angebotsabgabe auf. Die Firmen erhalten dazu die errechneten Mengen und den Berechungsplan. Sie kalkulieren damit ein differenziertes Angebot mit nachvollziehbaren Leistungspositionen und Einzelpreisen, die am Schluss eine Gesamtsumme ergeben. Aus den Angeboten können Sie nach Prüfung das wirtschaftlichste auswählen und den Auftrag erteilen. Die Einzelpreise sind für den Unternehmer verbindlich.

„Unechte" Kosten: Wenn Sie Wege oder Sitzplätze selbst bauen wollen, brauchen Sie nur Material- und Transportkosten zu ermitteln. Diese Preise erfahren Sie beim Baustoffhändler. Weil Ihr eigener Arbeitsaufwand nicht bezahlt werden muss, erscheint das Selbstbauen billiger.

Massenermittlung 1

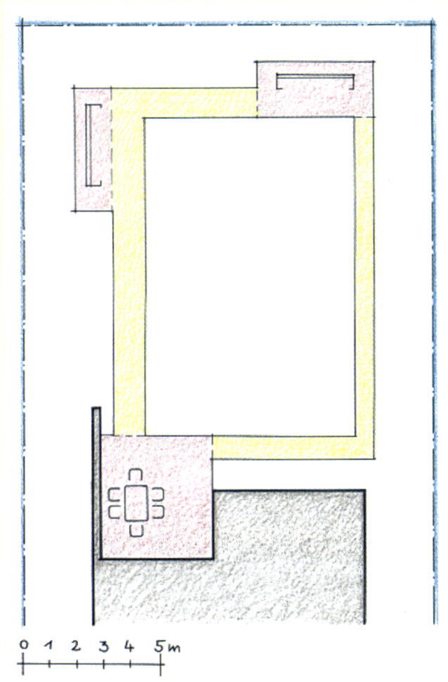

Auf der Grundlage von Skizze 3, Seite 24, ein Wohngarten als Beispiel.

Wegeflächen	29 m²
Sitzplatzflächen	32 m²
	61 m²
Tragschicht für Gehflächen	61 m²
Eventuelle Randstützen	90 lfm

Massenermittlung 2

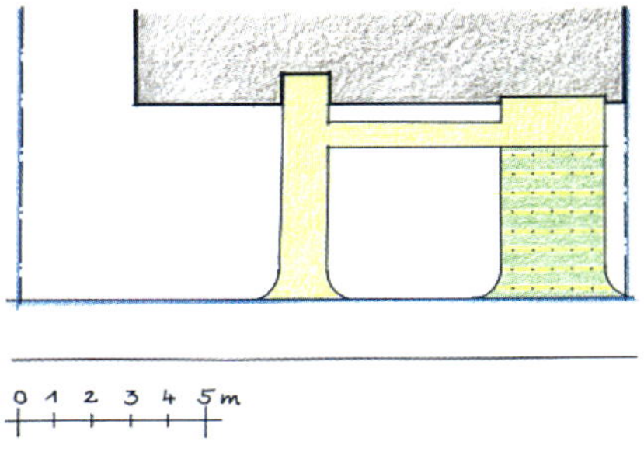

Auf der Grundlage von Skizze 1, Seite 22, ein Vorgarten als Beispiel.

Wegeflächen:	
Enge Fugen	9 m²
Grasfugen	10 m²
Tragschicht für Gehflächen	9 m²
Tragschicht für Fahrflächen	10 m²
Eventuelle Randstützen	23 lfm

2. Schritt: Baukosten berechnen

Unabhängig von einer Unternehmer- oder Selbstausführung müssen Sie zwischen festen und variablen Kosten unterscheiden. Außerdem entstehen noch technisch bedingte Kosten.

Erdarbeiten und Tragschichten

- Für Erdarbeiten und Tragschichten rechnet man durchschnittlich bei Gehflächen mit etwa 35,00 DM/m², bei Fahrflächen mit etwa 45,00 DM/m² einschließlich Mehrwertsteuer. Das ist selbstverständlich nur ein grober Orientierungswert, der erst mit einem Unternehmerangebot präzisiert wird.

Bei den **festen Kosten** sind alle Arbeiten zusammengefasst, die unter dem Oberflächenbelag ausgeführt werden müssen und zunächst unabhängig von der Belagsart später der reinen Funktionserfüllung dienen. Dazu zählen die erforderlichen Erdarbeiten wie Aushub, Planieren, Sohle verdichten und eventuell auch die Erdabfuhr. Die Kosten für die Tragschicht aus Schotter oder Kies fallen auch unter die Position „feste Kosten". Die Tragschicht muss natürlich jeweils der zu erwartenden Belastung und den Bodenverhältnissen angepasst sein: In der Regel 20–25 cm dick für Gehflächen, 30–35 cm dick für PKW-Fahrflächen bei lehmigen Böden. Hier können Sie nichts einsparen, es sei denn auf Kosten der Belagsstabilität. Unternehmerpreise schwanken je nach Geländeschwierigkeit und Zugänglichkeit des Grundstückes, wenn also teure Handarbeit nötig wird.

Bei den **variablen Kosten** ist der finanzielle Aufwand entscheidend vom ausgewählten Belagsmaterial und den Verarbeitungskosten abhängig. Über eine nüchterne funktionelle Kosten-Nutzen-Gebrauchsrechnung hinaus spielen auch die ästhetischen Wertmaßstäbe eine wichtige Rolle: Was will ich mir leisten? Was gefällt mir am besten? Was sieht am längsten schön aus? Das ist eine ganz individuelle Entscheidung.

Die folgende Übersichtstabelle soll die wichtigsten Preisunterschiede bei Ausführung durch einen Unternehmer des Garten- und Landschaftsbaues deutlich machen, wobei die Preisangaben nur ungefähre Orientierungswerte darstellen, die je nach Wirtschaftsraum und Marktlage stark schwanken können.

Belagspreise

Übersichtstabelle für Belagspreise ohne Erdarbeiten, ohne Tragschichten und ohne zusätzliche Randstützen

Belagsart	Preis in DM je m² fertig eingebaut einschl. MwSt	zuzüglich Erdarbeiten + Tragschicht	zuzüglich Randstütze
Natursteinplatten rechtwinklig	ab 160,00	ja	nein
Natursteinplatten polygonal	ab 200,00	ja	nein
Betonplatten mit bearbeiteter Oberfläche	75,00	ja	nein
Betonplatten mit Vorsatz aus Natursteinsplitt	85,00	ja	nein
Natursteingroßpflaster 12/16 cm mit engen Fugen	170,00	ja	nein
Natursteinkleinpflaster 8/10 cm mit engen Fugen	150,00	ja	ja ***
Betongroßpflaster mit bearbeiteter Oberfläche 16/16 cm	65,00	ja	nein
Betonkleinpflaster mit bearbeiteter Oberfläche 10/10 cm	68,00	ja	ja ***
Klinkerpflaster 20/10 cm	85,00	ja	ja ***
Holzpflaster rund und eckig	120,00	ja	nein *
Holzfliesen 50/50 cm	180,00	ja	nein
Holzdecks aus langen Brettern mit Unterkonstruktion	260,00	ja	nein
Natursteingroßpflaster 12/16 cm mit Rasenfugen	175,00	ja	nein
Betongroßpflaster 16/16 cm mit Rasenfugen	70,00	ja	nein
Rasengitterplatten aus Beton 40/60 cm	65,00	ja	nein
Rasengitterplatten aus Kunststoff 40/60 cm	75,00	ja	nein
Rasenklinker	90,00	ja	nein
Gebrauchsrasen	15,00	nein	nein
Schotterrasen	8,00	ja	nein
Wassergebundener Kies- oder Splittbelag	12,00	ja	nein **
Rindenmulch	5,00	ja	nein **

*** Randstütze verzichtbar, wenn kleinere Verschiebungen der Steine toleriert werden.

** Randstütze nur bei gestalterisch gewünschter klarer Trennung von Belag und Vegetationsfläche erforderlich.

* Keine Randstütze wegen Quellen und Schwinden des Holzes.

Technisch bedingte Kosten entstehen beispielsweise dann, wenn zu den Kosten des oberflächlichen Belagsmaterials noch Aufwendungen für eine Randstabilisierung gerechnet werden müssen, wobei das nur bei Pflasterflächen nötig ist, wenn das allmähliche Auseinanderwandern der Einzelsteine verhindert werden soll. Bei Kies-, Splitt- oder Rindenbelägen ist eine stabile Randkontur nur erforderlich, wenn eine exakte Randbegrenzung erwünscht ist. Andernfalls wachsen Rasen oder Stauden zu weit in die Streuflächen ein.

Preise für Randstützen

Die aus dem Plan ermittelten Randlängen = lfm werden für die Ermittlung der technischen Kosten jeweils mit den folgenden Preisen multipliziert und den Kosten der Belagsflächen hinzugerechnet. Die Einzelpreise sind wiederum einschließlich Mehrwertsteuer.

Randstütze als Mörtelkeil bei Pflasterflächen	etwa 20,00 DM/lfm
Randstütze aus Natursteinkleinpflaster 8/10 cm mit Betonfundament	etwa 40,00 DM/lfm
Randstütze aus Betonkleinpflaster 10/10 cm mit Betonfundament	etwa 38,00 DM/lfm

Mit dieser Einzelpreisübersicht können Sie nun ganz einfach die „echten“ Gesamtkosten ermitteln, indem Sie die Tragschicht einschließlich Erdarbeiten, ausgewählter Belagsart und eventuell notwendigen Randstützen mit den jeweiligen Einzelpreisen multiplizieren. Die folgende Seite enthält eine solche Beispielrechnung. Daraus ist zu erkennen, dass die Gesamtpreisunterschiede doch beträchtlich voneinander abweichen können und die Materialauswahl in dieser Hinsicht entscheidend ist. Ein Sparpotenzial ergibt sich aus der Wahl der Belagsart und der Entscheidung zu eventuellen Randstützen.

Selbstverständlich muss, wie auf jeder Baustelle, dazu immer noch einiges Zusätzliches einkalkuliert werden, mit dem man vorher nicht gerechnet hat. Sind die Wege oder der Sitzplatz fertig, müssen noch die anschließenden Vegetationsflächen angepasst oder wieder hergerichtet und Materialreste beseitigt werden. Dafür muss eine kleine Finanzreserve verfügbar sein. Nach diesem dreigeteilten Schema (Tragschicht/Belag/Randstütze) lassen sich genauso die Material- und Transportkosten feststellen, falls Sie die Beläge selbst bauen wollen. Das Ganze wird dann zwar erheblich billiger, aber für das ständige Arbeiten in gebückter Haltung und das Heben der schweren Platten brauchen Sie unbedingt noch gesunde Bandscheiben. Wägen Sie also in Ruhe ab, wie genau die fertige Planung dann wirklich auch umgesetzt werden soll.

Kostenvergleich für Belagsalternativen

Kostenberechnung 1
Auf Grundlage der Massenermittlung „Wohngarten" Seite 67 oben.
Man erkennt daraus, dass die Unterschiede der Gesamtsummen erheblich sind.

Belagsalternativen jeweils mit Tragschichtkosten einschl. Erdarbeiten	Gehflächen	Einzelpreis DM	Gesamtpreis DM
Natursteinplatten polygonal	61 m²	235,00	14.335,00
Betonplatten mit Vorsatz aus Natursteinsplitt	61 m²	120,00	7.320,00
Natursteinkleinpflaster	61 m²	185,00	11.285,00
+ Randstütze	90 lfm	20,00	1.800,00
Betonkleinpflaster	61 m²	103,00	6.283,00
+ Randstütze	90 lfm	20,00	1.800,00
Klinkerpflaster	61 m²	155,00	9.455,00
+ Randstütze	90 lfm	20,00	1.800,00
Kies oder Splitt	61 m²	47,00	2.867,00

Kostenberechnung 2
Auf Grundlage der Massenermittlung „Vorgarten" Seite 67 unten.

Belagsalternativen jeweils mit Tragschichtkosten einschl. Erdarbeiten	Gehflächen	Einzelpreis DM	Gesamtpreis DM
Natursteinkleinpflaster	9 m²	185,00	1.665,00
+ Randstütze	23 lfm	20,00	460,00
Betonkleinpflaster	9 m²	103,00	927,00
+ Randstütze	23 lfm	20,00	460.00
	Fahrflächen	**DM**	**DM**
Natursteingroßpflaster mit Fahrfugen	10 m²	220,00	2.200,00
Betongroßpflaster mit Rasenfugen	10 m²	115,00	1.150,00

Adressen

Falls sie mit der Selbstplanung nicht zurechtkommen, weil die Grundstücks- und Gebäudesituation zu kompliziert ist oder sie sich schlicht überfordert fühlen, gibt es die Berufsgruppe der Garten- und Landschaftsarchitekten, die eine fundierte Planung übernehmen. Sie beraten auch zur Materialauswahl und helfen bei der Wahl eines ausführenden Unternehmers des Garten- und Landschaftsbaues. Eine Überwachung und Abnahme der Bauarbeiten gehört ebenfalls zu ihrem Leistungsbereich. Der jeweils gewünschte Leistungsumfang kann individuell auf der Grundlage der Honorarordnung für Architekten und Ingenieure (HOAI) vereinbart werden. Informationen zu diesen Fachleuten erhalten sie über die Geschäftsstellen des Bundes Deutscher Landschaftsarchitekten in den jeweiligen Bundesländern.

Für Planung:

- Baden-Württemberg
  LG-Geschäftsstelle
  Baden-Württemberg
  Mail: bw@bdla.de
  Internet: www.bw.bdla.de
  Gaisburgstraße 12 B
  70182 Stuttgart
  Tel. 0711/24 07 92
  Fax 0711/24 11 39

- Bayern
  LG-Geschäftsstelle
  Bayern e.V.
  Mail: bayern@bdla.de
  Internet:
  www.bayern.bdla.de
  Prinz-Ludwig-Str. 27
  85354 Freising
  Tel. 08161/6 43 29
  Fax 08161/2 19 76

- Berlin/Brandenburg
  LG-Geschäftsstelle
  Berlin/Brandenburg
  Mail: bdla-bb@bdla.de
  Internet:
  www.bdla-bb.bdla.de
  Tuchmacherstr. 48b
  14482 Potsdam
  Tel. 0331/7 49 84 0
  Fax 0331/7 49 84 99

- Hamburg
  LG-Geschäftsstelle
  Hamburg
  Mail: bdla-hh@bdla.de
  Internet: www.hh.bdla.de
  c/o Büro Bielfeldt und
  Berg
  Virchowstr. 18
  22767 Hamburg
  Tel. 040/3 89 39 39
  Fax 040/3 89 39 00

- Hessen
  LG-Geschäftsstelle
  Hessen e. V.
  Mail: hessen@bdla.de
  Internet:
  www.hessen.bdla.de
  Schützenstr. 26
  65195 Wiesbaden
  Tel. 0611/40 63 55
  Fax 0611/40 58 19

- Mecklenburg-Vorpommern
  LG-Geschäftsstelle Mecklenburg-Vorpommern
  Mail: pck-Rostock
  @t-online.de
  Feldstraße 45
  18057 Rostock
  Tel. 03 81/4 90 63 92
  Fax 03 81/ 4 90 63 93

- Niedersachsen und Bremen
  LG-Geschäftsstelle
  Niedersachsen und
  Bremen e. V.
  Mail: bdlanb@bdla.de
  Internet:
  www.bdlanb.bdla.de
  Hallerstr. 28
  30161 Hannover
  Tel. 0511/34 56 89
  Fax 0511/3 36 04 05

- Nordrhein-Westfalen
  LG-Geschäftsstelle Nordrhein-Westfalen e. V.
  Mail: bdlanw@bdla.de
  Internet:
  www.bdlanw.bdla.de
  Neue Bruchstr. 8
  58640 Iserlohn
  Tel: 02304/5 00 04
  Fax 02304/5 17 38

- Rheinland-Pfalz/Saarland
  LG-Geschäftsstelle Rheinland-Pfalz/Saarland
  Mail: bdla-rps@bdla.de
  Internet: www.rps.bdla.de
  Saarbrücker Straße 36
  66424 Homburg/Saar
  Tel. 06841/6 38 88
  Fax 06841/6 80 55

- Sachsen
  LG-Geschäftsstelle
  Sachsen
  Mail: sachsen@bdla.de
  Internet:
  www.sachsen.bdla.de
  c/o Umweltzentrum
  Dresden
  Schützengasse 16
  01067 Dresden
  Tel. 0351/3 10 26 28
  Fax 0351/4 94 34 00

- Sachsen-Anhalt
  LG-Geschäftsstelle
  Sachsen-Anhalt
  Mail:
  jürgenklutzny@gmx.de
  Jakobstr. 43
  39218 Schönebeck
  Tel. 03928/7 61 67
  Fax 03928/7 61 68

- Schleswig-Holstein
  LG-Geschäftsstelle
  Schleswig-Holstein
  Mail: Gabriele-Amelung@t-online.de
  Internet: www.sh.bdla.de
  c/o BDLA Schleswig-Holstein
  Klosterkamp 24
  24111 Kiel
  Tel. 04 31/6 91 28 12
  Fax 04 31/69 72 17

- Thüringen
  LG-Geschäftsstelle
  Thüringen
  Mail: kati.schuchert
  @salix.erfurt.thur.de
  Internet: www.bdla-thuer.de
  Goethestr. 61
  99096 Erfurt
  Tel. 03643/40 04 46
  Fax 03643/40 04 47

Für Ausführungsarbeiten:

Wenn sie Ihre Planung nicht selbst aus eigener Kraft und Zeit realisieren können, müssen sie einen "Gärtner" suchen. Innerhalb dieses Sammelbegriffes haben sich die Landschaftsgärtner auf Gartenausführungen spezialisiert. Im Bundesverband Garten-, Landschafts- und Sportplatzbau ist diese Unternehmensgruppe organisiert und ebenfalls mit Geschäftsstellen im gesamten Bundesgebiet vertreten. Hier können sie Auskünfte über qualifizierte Firmen in Ihrer Nähe erhalten.

- Landesverbände das BGL
Bundesverband Garten-, Landschafts- und Sportplatzbau e. V.
Haus der Landschaft
53602 Bad Honnef
Tel. 02224/77 07 0,
Fax 02224/77 07-77
BGL@galabau.de
www.galabau.de

- Verband Garten-, Landschafts- und Sportplatzbau Baden-Württemberg e. V.
70771 Leinfelden-Echterdingen
Filderstraße 109/111
Tel. 0711/97 56 60
Fax 0711/9 75 66 20
info@galabau-bw.de
www.galabau-bw.de

- Verband Garten-, Landschafts- und Sportplatzbau Bayern e. V.
82166 Gräfelfing,
Leharstraße 1
Postfach 600308
81203 München
Tel. 089/82 91 45 0
Fax 089/8 34 01 40
VGL.Bayern@t-online.de
www.galabau-bayern.de

- Fachverband Garten-, Landschafts- und Sportplatzbau Berlin/Brandenburg e.V.
14165 Berlin
Kleinmachnower Weg 11
Tel. 030/8 15 70 78
Fax 030/8 15 35 08

- Fachverband Garten- und Landschaftsbau Land Brandenburg e. V.
14532 Kleinmachnow
Jägerhorn 36 - 40
Tel. 033203/7 90 55
Fax 03 32 03/7 86 33
FVGaLaBau@t-online.de

- Fachverband Garten-, Landschafts- und Sportplatzbau Hamburg e. V.
Bei Schuldts Stift 3
20355 Hamburg
Tel. 040/34 09 83
Fax 040/34 48 77
galabau@hwk-hamburg.de
www. hwk-hamburg.de/galabau-hh

- Fachverband Garten-, Landschafts- und Sportplatzbau Hessen-Thüringen e. V.
Max-Planck-Ring 39
65205 Wiesbaden
Tel. 06122/9 31 14 0
Fax 06122/9 31 14 24
info@galabau-ht.de
www galabau-ht.de

- Fachverband Garten-, Landschafts- und Sportplatzbau Mecklenburg-Vorpommern e.V.
Bockhorst 1
18273 Güstrow
Tel. 03843/26 41 56
Fax 03843/26 42 40

- Verband Garten-, Landschafts- und Sportplatzbau Niedersachsen-Bremen e. V.
Paul-Fellerstr. 25
28199 Bremen
Tel. 0421/53 07 35,
Fax 0421/53 08 54
info@galabau-nordwest.de
www.galabau-nordwest.de

- Verband Garten-, Landschafts- und Sportplatzbau Rheinland e.V.
50735 Köln
Amsterdamer Str. 206
Tel. : 0221/715 10 12
Fax: 0221/715 10 41
VGLRheinland@t-online.de
www.galabau-rheinland.de

- Verband Garten-, Landschafts- und Sportplatzbau Rheinland-Pfalz-Saar e. V.
Europaplatz 1 - 3
55543 Bad Kreuznach
Tel. 0671/4 43 78
Fax 0671/4 50 22
mail@galabauverband.de
www.galabauverband.de

- Verband Garten-, Landschafts- und Sportplatzbau Sachsen e. V.
Am Wüsteberg 3
01723 Kesselsdorf
Tel. 035204/44 35 0
Fax 035204/44 35 2
info@galabau-sachsen.de
www.galabau-sachsen.de

- Verband Garten-, Landschafts- und Sportplatzbau Sachsen-Anhalt e. V.
Ermslebener Straße 5
06449 Aschersleben
Tel. 03473/91 17 48
Fax 0 3473/91 17 50
VGL-SA@t-online.de

- Fachverband Garten-, Landschafts- und Sportplatzbau Schleswig-Holstein e. V.
Steenbeker Weg 151
24106 Kiel
Tel. 0431/3 46 47
Fax 0431/33 85 20
info@galabau-sh.de

- Verband Garten-, Landschafts- und Sportplatzbau Westfalen-Lippe e. V.
Unnaer Str 3
59069 Hamm-Rhynern
Tel. 02385/911 22 0
Fax 0 23 85/911 22 22
info@galabau-westfalen.de
www.galabau-westfalen.de

Zum Weiterlesen

- Baetzner, A., Natursteinarbeiten, Verlag Eugen Ulmer, 1991
- Bauch-Troschke, Zita, Terrassen. Stimmungsvolle Sitzplätze im Garten., Callwey, 2000
- Bridgewater, G. & A., Steinarbeiten im Garten, Verlag Eugen Ulmer, 2001
- Friedrich, V., Pflastern mit Naturstein, Verlag Eugen Ulmer, 1999
- Frohmann, M., Bautechnik 1, Verlag Eugen Ulmer,1986
- Himmelhuber, Peter, Selbst Terrassen und Sitzplätze bauen. Schritt für Schritt richtig gemacht., Compact-Verlag, 2000
- Howcroft, Heidi, Naturstein im Garten. Treppen, Wege, Mauern und Terrassen gekonnt gestalten., Callwey, 2000
- Howcroft, Heidi, Das Pflaster im Garten. 150 Beispiele für schönere Wege, Terrassen, Treppen. Callwey, 1996
- Jantra, Helmut, Gestaltungsideen für den Wohngarten. Sitzplätze, Terrassen, Höfe und andere grüne Räume, Falken-Verlag, 1994
- Kirschner, M., Wege, Terrassen und Sitzplätze, Augustus
- Scheu-Helgert, M., Kleine Gärten planen und gestalten - Anleitungen für Sitzplätze, G&U
- Stein, Siegfried, Gartenräume wohnlich gestalten - ...Pergolen, Lauben, Sitzplätze, BLV, 1997
- Waechter, D., Romantische Sitzplätze, KOSMOS
- Wolf, Rosa, Sitzplätze im Garten, BLV, 2000
- Wirth, Peter, Gartensitzplätze, Bechtermünz, 2001
- Wirth, Peter, Gärten am Hang, Ulmer, 1999

Sachverzeichnis

* Sternchen verweisen auf Zeichnungen und Fotos

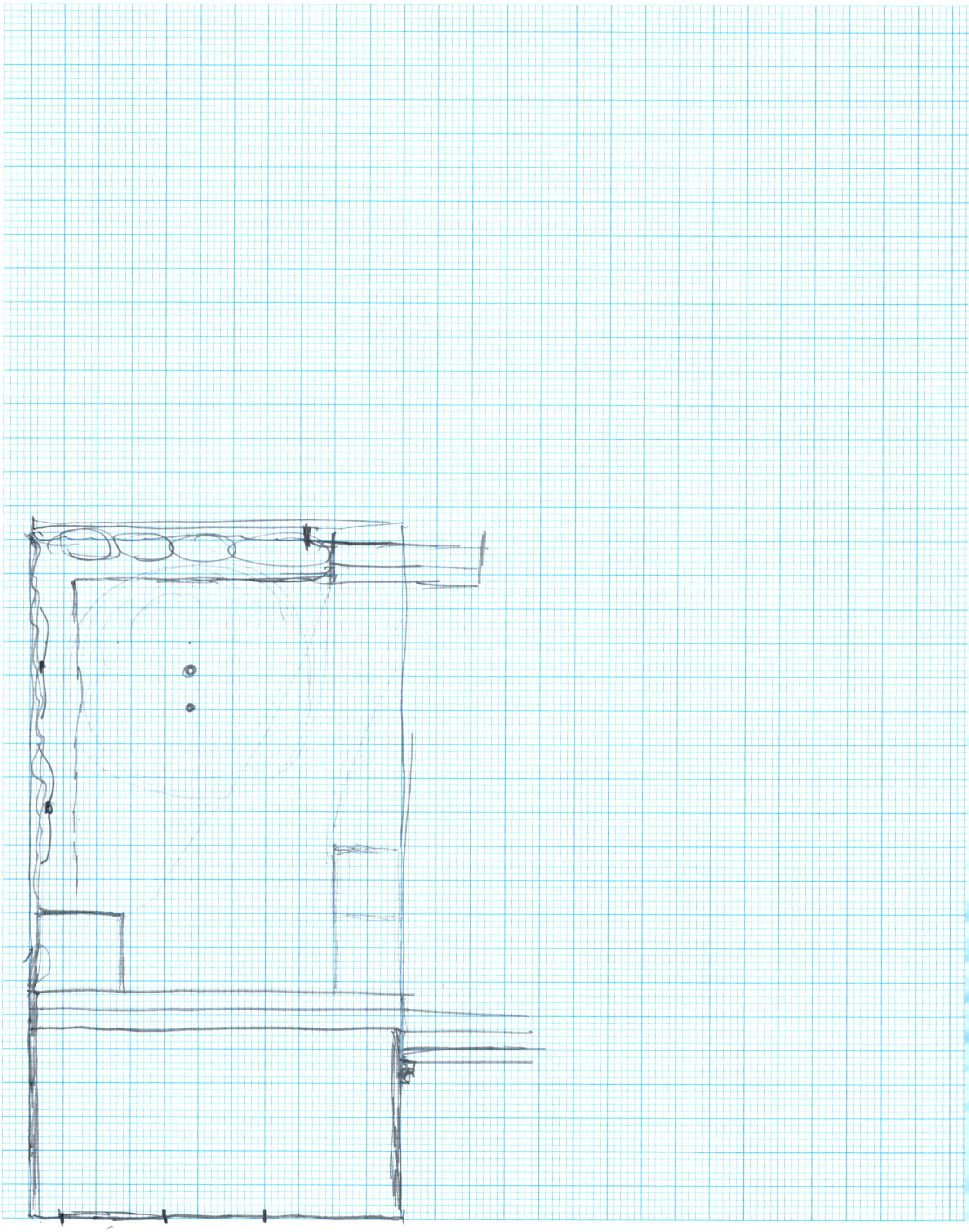

Mit Natursteinen arbeiten.

Naturstein ist ein attraktives Gestaltungsmaterial für die verschiedenen Gartenbereiche Vorplätze, Einfahrten, Eingangsbereiche, Wege, Terrassen und Sitzplätze. Der Autor stellt Material und Werkzeug vor, erläutert die Gestaltungsmöglichkeiten und erklärt Schritt für Schritt die Technik der Verarbeitung für Verlegemuster wie Kreise, Reihen, Schuppen, Segmentbögen und andere Muster.
Pflastern mit Naturstein. *Volker Friedrich. 1999. 135 Seiten, 20 Tabellen, 107 Farbfotos, 43 Zeichnungen. ISBN 3-8001-5078-6.*

Dieses Buch führt Schritt für Schritt von der Idee über die Planung zur Realisierung. Detaillierte Zeichnungen, aussagestarke Fotos und ein reicher Ideenpool, der die unterschiedlichsten Haustypen und Nutzungsarten beschreibt, geben jede Menge Anregungen.
Gärten am Hang. *Peter Wirth. 1999. 192 Seiten, 104 Farbfotos, 39 farbige Zeichnungen, 213 sw-Zeichnungen. ISBN 3-8001-6645-3.*

Natursteinmauern haben in Garten- und Parkanlagen nicht nur gestalterische Funktion, sie dienen beispielsweise auch dem konstruktiven Abfangen von Hängen und Böschungen. Mauertypen und die verschiedensten Natursteinmaterialien werden ebenso vorgestellt wie unterschiedliche Gestaltungsmöglichkeiten von und mit Natursteinmauern. Ausführliche Arbeitsanleitungen zum schrittweisen Aufbau der verschiedenen Mauertypen verbunden mit Informationen zum benötigten Material und Werkzeug, zu Regeln und DIN-Normen, die beim Aufbau zu beachten sind, und viele kleine Tricks und Kniffe ermöglichen dem versierten Laien ebenso wie dem Fachmann aus dem GaLaBau das korrekte Erstellen einer Natursteinmauer.
Aus dem Inhalt: Natursteinmauern in der Gartengestaltung, Böschungs- und Hanggestaltung, Aufbau einer Trockenmauer.
Mauern aus Naturstein. *Volker Friedrich. Etwa 160 Seiten, 100 Farbfotos, 55 sw-Zeichnungen. ISBN 3-8001-3266-4.*

Wenn Sie mehr wissen wollen.

Sechzehn dekorative und gleichzeitig nützliche Gestaltungsbeispiele aus Stein mit Schritt-für-Schritt-Anleitungen machen aus diesem praktischen Gartenbuch einen unentbehrlichen Ratgeber für alle, die ihren Garten eigenhändig verschönern möchten. Ausführliche Anleitungen mit detaillierten Arbeitsanweisungen veranschaulichen die Steinarbeiten sowohl dem wenig erfahrenen Hobbybastler als auch dem fortgeschrittenen Heimwerker. Grundlegende Arbeitstechniken, wie das Schneiden und Bearbeiten von Naturstein, das Setzen von Fundamenten, das Anlegen von Wegen und das Errichten von Mauern, werden fachgerecht erläutert. *Aus dem Inhalt:* Fundamente bauen, Mauern und andere Hochbauten, Pfad aus Trittplatten, Spirale mit Flusskieseln, Mosaikpflaster, Treppe aus Natursteinplatten, Trockenmauer aus Bruchsteinen.
Steinarbeiten im Garten. *Alle Projekte Schritt für Schritt erklärt. Gill und Alan Bridgewater. Etwa 128 Seiten, 199 Fotos, 63 Zeichnungen. ISBN 3-8001-3587-6.*

Dieses umfassende Gartenbuch beantwortet alle Fragen: Wie plane ich meinen Garten richtig? Wie wird der Boden vorbereitet? Wie funktioniert das mit dem Düngen, dem Mulchen, dem Kompost? Wie wird gepflanzt, gepflegt, geschnitten? Wie schütze ich Pflanzen vor Krankheiten? Wie lege ich einen Rasen an, eine Blumenwiese, ein Blumenbeet? Kübelpflanzen für meine Terrasse? Wie lassen sich Pflanzen überwintern? ... und 1000 Antworten mehr. Diese und viele andere Themen werden leicht verständlich erklärt. Zahlreiche Farbzeichnungen und Fotos erleichtern das Verständnis und erklären Arbeitsabläufe Schritt für Schritt. Feature-Seiten stellen besondere Themen und Methoden im Überblick vor. Ein unverzichtbares Standardwerk für jeden, der mit Freude und mit viel Erfolg in seinem Garten arbeiten möchte!

Das Ulmer Gartenbuch. *Wolfgang Kawollek. 2001. 720 Seiten, über 1.000 Farbabbildungen. ISBN 3-8001-6684-4.*